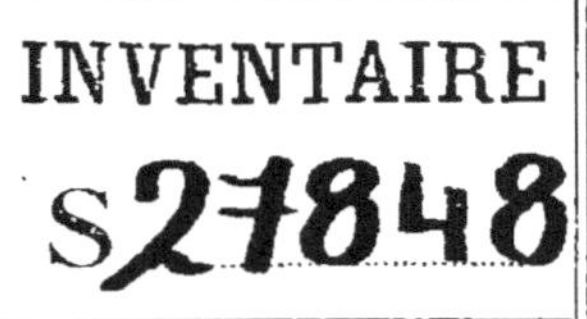

MANUEL ÉLÉMENTAIRE D'AGRICULTURE,

À L'USAGE

DES ÉCOLES PRIMAIRES

des départements

DE LA MAYENNE, D'ILE-ET-VILAINE, DES CÔTES-DU-NORD, DU FINISTÈRE, DU MORBIHAN ET DE LA LOIRE-INFÉRIEURE;

PAR

M. GOSSIN fils,

MEMBRE DE LA SOCIÉTÉ D'AGRICULTURE DES ARDENNES.

Ouvrage Couronné par la Société Royale et Centrale d'Agriculture en 1839.

NANTES,

FOREST, IMPRIMEUR-LIBRAIRE,

QUAI DE LA FOSSE, N° 2,

PARIS,

CH. SCHWARTZ ET A. GAGNOT, LIBRAIRES,
Quai des Grands-Augustins, 9.

1840.

MANUEL

ÉLÉMENTAIRE

D'AGRICULTURE.

NANTES , IMPRIMERIE DE FOREST.

MANUEL
ÉLÉMENTAIRE
D'AGRICULTURE,

A L'USAGE

DES ÉCOLES PRIMAIRES

des départements

DE LA MAYENNE, D'ILE-ET-VILAINE, DES CÔTES-
DU-NORD, DU FINISTÈRE, DU MORBIHAN
ET DE LA LOIRE-INFÉRIEURE,

PAR

M. GOSSIN fils,

MEMBRE DE LA SOCIÉTÉ D'AGRICULTURE DES ARDENNES.

*Ouvrage Couronné par la Société Royale et Centrale
d'Agriculture en 1839.*

———◆◆◆———

NANTES,
FOREST, IMPRIMEUR-LIBRAIRE,
QUAI DE LA FOSSE, N° 2.

PARIS,
CH. SCHWARTZ ET A. GAGNOT, LIBRAIRES,
Quai des Grands-Augustins, 9.

———◆———

1840.

RAPPORT

Sur le Manuel élémentaire d'Agriculture pour les départements de l'ancienne Bretagne, par M. GOSSIN, fait au nom de la Commission des Manuels, par M. de Gasparin, rapporteur.

Messieurs,

Nous venons vous proposer, pour la seconde fois, de couronner un ouvrage de M. Gossin fils, ancien élève de Grignon. Déjà, dans le cours de l'année dernière, il obtint un des prix proposés par M. le ministre du Commerce, pour un manuel élémentaire à l'usage de la Lorraine qui est sa patrie adoptive et où il exerce l'agriculture. Cette année, il vous présente un ouvrage sur la culture de la Bretagne, son pays natal.

C'est une circonstance bien extraordinaire, et qui doit fixer toute votre attention, que ces deux prix obtenus par un jeune homme de dix-neuf ans, qui se présente dans la lice avec les connaissances d'un âge plus avancé, et avec toute la verve de la jeunesse. Il faut espérer que ces succès ne l'éniyreront pas, qu'il reconnaîtra tout ce qui lui manque encore de connaissances positives et théoriques, et que vos couronnes seront pour lui un encouragement à l'étude et à l'observation, qui peuvent seules assurer un rang distingué dans les sciences. Nous devons d'autant plus l'augurer, que c'est déjà en lui une marque d'un bon jugement, d'avoir choisi la profession agricole de préférence à ces carrières dites *libérales*, où viennent s'entasser et se perdre un si grand nombre de jeunes gens, qui ne savent peut-être pas assez que l'exercice de l'agriculture ne se borne pas à promettre le bonheur qui appartient à la modération, mais qu'il a aussi des honneurs et des distinctions pour les esprits plus ardents et plus vifs.

En faisant la part de ce qui peut y avoir de superficiel et d'incomplet dans les déductions du jeune auteur, on ne peut qu'être frappé de le voir deux fois aux prises avec le même sujet, et loin de se montrer épuisé et fatigué de la lutte, de trouver qu'il ne se répète pas, que sa marche est toujours originale, que son ouvrage d'aujourd'hui est aussi nouveau que s'il n'avait pas fait celui d'hier, et qu'ayant adopté dans les deux écrits la forme du dialogue, les objections qu'il met dans la bouche de ses personnages et les réponses qui leur sont faites, ne sont pas de simples répétitions, mais découlent naturellement, dans tous les deux, de la situation dans laquelle il les a placés.

Il serait trop long, en ce moment, de justifier ce que nous venons de dire par des citations. Nous devons, cependant, dire quelques mots de la fiction qui sert de cadre à son ouvrage.

Un maréchal des logis, après avoir passé vingt années de sa vie au service, revient dans ses foyers, riche seulement de la croix d'honneur et de beaucoup de notions agronomiques que son goût pour la profession de ses pères lui avait fait avidement recueillir dans toutes les contrées de l'Europe. Il trouve son modeste héritage dans le plus mauvais état; il met la main à l'œuvre et ne tarde pas à lui faire changer de face. Au bout de trois ans, Yvon, c'était son nom, avait de beaux champs, un bétail superbe. Ses voisins, qui avaient commencé à rire de ses procédés, conçoivent une vive estime pour lui, et lui demandent ses secrets : il les leur développe dans une série d'entretiens avec deux cultivateurs de ses amis, dans lesquels intervient le curé de la paroisse. Ce sont ces entretiens qui composent le livre de M. Gossin. Il traite successivement des capitaux agricoles et de leur destination ; du sol, des engrais, des assolements, des plantes améliorantes, des plantes épuisantes, des prairies, des terrains vagues, des plantations, des chevaux, des bêtes à cornes, de la race ovine et des porcs.

Les pratiques indiquées sont généralement bonnes ; le style est facile, l'intérêt est soutenu. Cependant toutes les questions ne sont pas aussi simples que paraît le croire l'auteur ; il lui aurait été facile de les développer davantage, en tirant meilleur parti de ses interlocuteurs. Ainsi la charrue sans avant-train est vantée d'une manière absolue, et il aurait fallu montrer les cas où sa supériorité est au moins contestable ; ainsi, les porcs anglais sont préférés aux porcs français, ce qui pourrait être aussi l'objet d'une discussion.

Quoiqu'il en soit de ces observations, votre commission a jugé que l'ouvrage de M. Gossin est bon et méritait le prix ; elle désirerait même que tous nos départements pûssent être mis en possession de pareils ouvrages, qui initieraient les jeunes gens à l'art agricole et leur en donneraient le goût.

(Extrait des mémoires de la Société Royale et Centrale d'Agriculture. — Année **1839***).*

AVERTISSEMENT.

La Bretagne dont les monuments, les ruines, le sol pittoresque, les vieilles coutumes et l'histoire sont si remarquables, semble au contraire dénuée d'intérêt sous les rapports agronomiques. Quelle idée, en effet, le voyageur peut-il se faire, à la première vue, de l'agriculture de ce pays, lorsqu'il traverse de vastes landes qui nourrissent un bétail généralement petit, et lorsqu'après avoir à peine entrevu de sa route des champs masqués par des rideaux de verdure fort épais, il arrive à ce qu'on nomme le Bourg, lequel n'est d'ordinaire qu'une réunion de peu de maisons autour d'une église?

Cependant si le hasard amène dans le même lieu cet étranger un dimanche, peu de temps avant la messe, il voit alors cette église et ce Bourg si solitaires la veille, se remplir d'une foule considérable arrivant dans toutes les directions pour chanter les louanges de Dieu.

Si ensuite notre voyageur s'engage dans un de ces chemins creux et couverts par où les habitants débouchent en si grand nombre, il finit par découvrir au travers des arbres qui les cachent une multitude d'habitations rurales environnées chacune de son exploitation, qui consiste en plusieurs clos garnis de parapets de terre auxquels on donne improprement en Bretagne le nom de fossés, et que surmontent non seulement des haies vives, mais encore le chêne, l'orme et le frêne. S'il se demande à quoi peuvent servir d'aussi épaisses clôtures, le vent de mer en agitant la cime des arbres lui fait bientôt comprendre que, dans un pays battu par l'Océan presque de tous côtés, les biens de la terre ont besoin de puissants abris.

Si la pluie survenant alors le pousse à demander asile à l'un de ces toits de chaume qui sont disséminés dans d'étroites vallées, il apprend de son hôte que tous ces champs qu'il croit délaissés, parce qu'il les voit couverts de genêt ou d'ajonc, seront cultivés tour-à-tour, pour produire du sarrazin d'abord, puis deux ou trois récoltes auxquelles viendront succéder de nouveau deux, trois, quatre années de paturage.

Le hennissement d'un poulain, le beuglement d'une vache attire-t-il son attention dans le fond de la chaumière qui sert de demeure à tous les êtres animés de l'exploitation, il remarque que les formes de cette vache et de ce poulain sont gracieuses et n'offrent aucun caractère de dégénération.

Cependant la flamme pétille dans le foyer,

le souper s'apprête; notre voyageur est invité
d'y prendre part. Je doute qu'il vienne se ranger près de la marmite remplie de bouillie
faite avec du sarrazin, du mil ou de l'avoine.
Mais à la vue d'un repas dans lequel le froment n'entre pas, même comme accessoire,
il lui sera facile de comprendre combien la
nourriture des bretons coûte peu, et de s'expliquer pourquoi leur pays nourrit tant d'habitants, en même temps qu'il exporte une si
grande quantité de grains. S'il remarque en
outre que cette province fait un commerce
considérable de chevaux, de bêtes à cornes,
de salaisons, de cuirs et de beurre, il sera
amené facilement à reconnaître que les assolements bretons, où les pâturages ont une
large place, et où le blé noir sur défrichement
prépare très-bien le sol aux cultures subséquentes, sont assez judicieusement appropriés
aux besoins du pays, et sont de beaucoup
supérieurs à l'assolement triennal (jachère
morte, blé, avoine), qui est en usage sur
tant de points: On peut donc, ce me semble,
regarder l'agriculture comme plus facile à
perfectionner en Bretagne que dans d'autres
provinces où on la croit plus avancée, d'autant que les champs étant fermés, la vaine
pâture n'est pas là comme ailleurs pour servir d'entrave au progrès.

C'est ainsi qu'il serait facile d'obtenir des fourrages et des engrais plus abondants, en substituant au pâturage, dans la plupart des cas, la culture des racines et des prairies artificielles intercalées entre les récoltes de céréales qui, elles-mêmes, n'en viendraient que mieux.

D'heureux changements résulteraient aussi d'une amélioration dans les chemins presque tous encaissés et marécageux ; de l'adoption d'instruments perfectionnés et expéditifs à l'aide desquels le cultivateur s'épargnerait beaucoup de sueurs et de dépenses ; de la construction de quelques abris à toit de paille qui rendraient les moissons plus faciles et plus sûres, et sauveraient souvent les récoltes de pertes auxquelles le mauvais temps les expose, tant que le battage qui a toujours lieu à l'air en Bretagne, n'est pas terminé ; enfin de la plantation de beaucoup de terrains peu propres à la culture, et où réussiraient le pommier, le pin, le mélèze, le chêne, le hêtre, le chataignier, etc.

C'est ainsi que, sans parler du littoral où les riches engrais tirés de la mer soutiennent une culture très-productive, la Bretagne entière deviendrait une des contrées agricoles les plus florissantes, le hasard m'en a fourni la preuve de la manière que je vais rapporter.

Quittant à Héde la grande route qui conduit de Rennes à S.t-Malo, je m'étais enfoncé dans les terres pour joindre Dinan, lorsque je fus surpris par un changement subit de culture. Ce n'étaient plus des landes coupées de temps à autre par des champs de sarrazin, de froment ou d'avoine. A mes yeux se succédaient sans interruption de belles préparations de céréales de toutes sortes, ainsi que de trèfle, des pommes de terre et de betteraves.

Me trouvant encore trop loin de la côte pour attribuer aux engrais de mer cette vigueur dans les cultures, je cherchais à me l'expliquer, en supposant l'existence d'une ferme modèle dans le voisinage, quand j'aperçus près d'une habitation à deux pas du chemin une charrue simple. J'y cours en agriculteur passionné, et là je trouve, en effet, un établissement modèle à toit de chaume. Près de l'araire on voyait sous un petit hangar des herses vigoureuses, une houe à cheval, un butteur. Le tas de fumier accompagné d'une fosse à purin faisait ornement en face d'une étable où se trouvaient des vaches et des bœufs d'une propreté admirable. Des meules de foin, d'autres meules de grains seulement commencées avoisinant une modeste grange, complétaient l'ensemble de l'établissement rustique.

1*

Pour avoir l'explication de tout cela, je m'adresse à un homme qui arrosait le fumier, et voici ce qu'il me raconta :

« En 1817, revint du service dans cette
» commune, où il était né, J. B. Yvon, alors
» âgé de 38 ans. Fils de laboureurs, il avait
» passé les vingt premières années de sa vie
» près de ses parents qu'il trouva morts à
» son retour. Il va sans dire, qu'en outre
» son modeste héritage était dans le plus
» mauvais état. Ces campagnes elles-mêmes
» aujourd'hui si animées se trouvaient aux
» deux tiers incultes. Yvon avait rapporté du
» service la croix d'honneur, les galons de
» maréchal des logis chef, peu d'argent, mais
» beaucoup d'excellentes notions agrono-
» miques que son goût l'avait mis à même de
» recueillir dans presque toutes les contrées
» de l'Europe. De ces observations multi-
» pliées était résulté pour lui la certitude
» qu'il pouvait faire mieux que ses pères, et
» c'est ce qu'il tenta.

» Ce ne fut pas sans beaucoup rire que ses
» voisins le virent d'abord construire une
» charrue sans roues, semer quantité de
» trèfle et d'autres plantes qu'ils connaissaient
» à peine, ne plus faire reposer ses terres et
» défricher peu à peu ses landes. Au bout
» de trois ans on cessa de rire. Yvon avait

» de beaux champs, un bétail superbe. Quel-
» que temps après, quand on vit tout cela
» se développer encore, on se hasarda à lui
» demander quels étaient ses secrets. Dou-
» blement heureux alors de ses succès, puis-
» que ses voisins allaient en profiter, Yvon
» développa ses théories en présence de deux
» ou trois cultivateurs ses amis et du recteur
» qui eut l'heureuse idée d'analyser ses
» leçons.

» Ce petit ouvrage revu par Yvon et copié
» par les enfants du bourg, fut répandu dans
» toute la commune, où il produisit petit à
» petit un heureux changement. Ce fut à qui
» marcherait sur les traces d'Yvon, et vous
» voyez le résultat. Aujourd'hui le vieux sol-
» dat est chéri de ses voisins, d'abord jaloux
» de sa prospérité, et son petit livre est re-
» gardé comme le seul qui leur soit néces-
» saire, après celui qui apprend à aimer Dieu
» et son semblable. »

Je demandai alors à mon Cicérone s'il pouvait m'en procurer un exemplaire : de retour
au logis le brave homme me donna celui qui
servait à son fils, et cela sans vouloir rien accepter en retour. Je le quittai bien résolu de
chercher un moyen de m'acquitter envers
lui, et non sans m'informer de la demeure
d'Yvon « continuez votre route, me dit-il,

» tout le monde vous l'indiquera. » Aux réponses qu'on fit ensuite à mes questions, je jugeai facilement que j'avais parlé à Yvon lui-même que je n'hésite pas à mettre au rang des premiers agronomes.

A l'aide de quelques changements et de légères additions, son ouvrage m'a semblé propre à remplir les vues de M. le ministre du Commerce et de l'agriculture, pour tout le pays soumis à la culture bretonne, lequel comprend les départements de la Mayenne, d'Ile-et-Vilaine, de la Loire-Inférieure, du Morbihan, des Côtes-du-Nord et du Finistère.

CHAPITRE PREMIER.

De l'Agriculture.

Distinction des Capitaux qu'elle emploie.

Les interlocuteurs sont *Yvon*, ancien militaire décoré, *Lebras et Leguen*, cultivateurs amis d'Yvon, le curé de la commune, qu'en Bretagne on nomme le *Recteur*.

LEBRAS. — Bonjour, Yvon. Plutôt que d'aller avec les voisins nous divertir au pardon de Trimer qui tombe aujourd'hui, nous venons Leguen et moi, te prier d'accomplir la promesse que tu nous as faite de nous apprendre les secrets de ta culture.

YVON. — Je vous remercie de la préférence, mes amis, asseyez-vous sur cette pelouse, je suis à vous dans l'instant.... Mais je vois M. le Recteur.

LE RECTEUR. — Oui, mon enfant. On m'a dit que tu allais professer l'agriculture, et je viens t'en faire mon compliment. C'est ainsi qu'après avoir amélioré ta propriété, tu deviendras le bienfaiteur de tes concitoyens. Et vous, mes amis, je vous félicite d'avoir un aussi excellent modèle. Profitez de ses exemples, méditez ses leçons, et vous apercevrez que votre profession si noble, si indépendante, est la plus riche pour l'homme en éléments de bonheur.

Considérée comme occupation, l'agriculture remplit mieux que toute autre les vues de Dieu sur l'homme ; car le Seigneur a dit à ce dernier : « Tu mangeras ton pain à la sueur de ton front. » Considérée comme science, l'agriculture embrasse toutes les sciences naturelles, dont elle est, à proprement parler, l'application. L'agriculteur va chercher dans l'étude de la nature la cause de tous les phénomènes qui l'intéressent. Ah! surtout s'il est religieux, combien cette étude, qui peut-être de tous les instants, ne lui offre-t-elle pas de jouissances! si vous saviez, mes amis, combien elles sont au-dessus des apparences trompeuses de ce qu'on appelle les plaisirs de la ville ! Un sage a dit : *ô trop heureux l'homme des champs, s'il savait apprécier son bonheur!*

LEGUEN. — Cependant, monsieur le Recteur, si j'étais libre de choisir, je vous assure

que nos landes ne me verraient pas long-temps.
J'aimerais bien mieux faire ce qu'on fait en
ville, que de travailler du matin au soir pour
ne rien avoir au bout de l'an.

YVON. — C'est que, mon pauvre Leguen,
ton agriculture n'est pas celle dont parle monsieur le Recteur, mais bien une agriculture
appauvrie, routinière, qui, au lieu d'avoir pour
base les sciences naturelles, repose sur des
usages obscurcis par le temps, ou bien déna-
turés par l'ignorance. Le patron d'une piètre
barque n'est-il pas capitaine à son bord? et
cependant le compareras-tu au commandant
d'une frégate?

LEBRAS. — En effet, Yvon, les beaux
produits que tu obtiens en cultivant autrement que nous, montrent assez que tu connais une agriculture améliorée.

YVON. — L'agriculture, mes chers amis,
a pour objet de tirer du sol le produit net le
plus élevé. Les meilleurs procédés sont ceux
qui arrivent à ce but. Vous sentez qu'ils varient dans les diverses localités suivant une
multitude de circonstances dont les principales
sont la nature du sol, le climat, les débouchés, le commerce, la population, etc. Il est
cependant certaines règles générales appli-

cables à toute la science agricole, sur lesquelles nous devons nous arrêter d'abord.

L'agriculture ne peut opérer sur le sol qu'avec le secours de certains agents qui sont :

Les agents atmosphériques, l'eau, l'air, la chaleur, la lumière ;

Le travail nécessaire pour disposer le sol à une production de végétaux utiles ;

Ces végétaux eux-mêmes ;

Enfin les animaux par l'intermédiaire desquels doit avoir lieu la transformation lucrative de plusieurs produits.

Laissons de côté les agents atmosphériques qui ne coûtent rien. Tous les autres ont une valeur, ils constituent un capital. Le sol aussi a une valeur, c'est un autre capital. Voilà donc deux sortes de capitaux bien distincts. J'appelerai *capital foncier* le sol. Quant à la réunion des capitaux par lesquels on le met en valeur, je lui donne le nom de *capital en circulation.*

Semblable au sang qui circule sans cesse dans le corps pour y subir mille transformations, ce capital porte la vie dans toutes les branches d'une exploitation rurale et prend constamment de nouvelles formes. Ainsi, le fourrage, par l'intermédiaire de la vache et du bœuf, se change en lait, en travail, en viande, en fumier ; le lait et la viande se convertissent en argent; le fumier et le travail se changent dans le sol en de nouveaux produits.

Le bénéfice d'une exploitation agricole s'opère dans le cours des diverses mutations du capital circulant, lequel doit grossir chaque fois qu'il change de forme. Ainsi le capital appliqué à une vache, en argent pour l'achat de cette vache, en fourrages et en foins, doit, à la fin de l'année, présenter au cultivateur une valeur plus grande, valeur qu'il retrouve en lait, en fumier, en veau, en vache s'il a conservé l'animal, en argent s'il l'a vendu. Si cette seconde valeur est moindre que n'était la première, il y a eu perte. Il est du plus grand intérêt pour le cultivateur de connaître clairement là où son capital grossit et là où il diminue.

LEBRAS. — Sans doute, car dès qu'on trouve de la perte sur une branche d'exploitation, on la retranche, comme je fais les gourmands de mes pommiers qui absorbent toute la sève sans rien donner. Mais je ne vois guère la possibilité d'évaluer exactement au bout de l'année le lait, le fourrage, le fumier, le travail.

YVON. — Rien ne serait si facile : il suffirait d'employer chaque jour un quart d'heure à marquer les opérations de la veille, les quantités de fourrage consommées par chaque sorte de bétail, le lait, le fumier recueillis, les divers ouvrages auxquels chaque espèce de travail a été consacré, les transports d'engrais, les récoltes, les naissances, les recettes, les dépenses. A la fin de l'année on récapitule le tout. On met d'un côté les valeurs appliquées dans le courant de chaque exercice à chaque branche d'exploitation, de l'autre celles qu'on leur retrouve alors augmentées de toutes celles qu'elles ont produites, et qui sont passées à d'autres branches ; l'excédant de ces dernières en plus ou en moins est le bénéfice ou la perte.

Il existe des méthodes de classement qui rendent ces comptes clairs et faciles. Si vous le voulez, mes amis, je vous prêterai mes registres, en y ajoutant de vive voix les explications dont vous pourriez avoir besoin, afin de vous mettre à même de tenir ce qu'on appelle une comptabilité agricole, et de vous rendre compte de toutes vos opérations.

LEBRAS. — J'accepte volontiers ; j'aurai grand plaisir à savoir ce que chaque chose me rapporte et me coûte.

Le RECTEUR. — Ce point paraît en effet de la dernière importance.

LEGUEN. — Mais, monsieur le Recteur,

comment ferai-je, moi qui ne sais ni lire ni écrire ?

Le RECTEUR. — Ce manque entier d'instruction serait un malheur irréparable, si tu n'avais pas des enfants fort en état de te remplacer : mais tes deux fils aînés sachant très-bien écrire et chiffrer, sont à même de tenir tes comptes de la manière la plus satisfaisante.

YVON. — On ne peut guère déterminer la proportion qui doit exister entre les deux capitaux qui forment la base de toute exploitation rurale. On peut dire cependant, en règle générale, que, plus le capital circulant est considérable en proportion du capital foncier, plus l'intérêt qu'on tire de ce dernier est élevé.

Dans les contrées maigres notamment, c'est par l'application au sol de beaucoup de soins et d'engrais qu'on peut parvenir à se procurer des bénéfices. Disséminer quelques petites valeurs en travaux, en engrais, dans une grande étendue de mauvaises terres, c'est mettre une goutte de vin dans un verre d'eau, ou pour mieux dire c'est faire la plus mauvaise opération du monde. Il faut toujours que l'agriculteur soit fort, eu égard à l'étendue de son exploitation. C'est ce principe qui a donné lieu au proverbe : *pauvre agriculteur, pauvre agriculture.*

Le capital foncier se lie au capital en circulation d'une manière si intime qu'ils peuvent mutuellement se changer l'un en l'autre. Ainsi dépenser une somme en améliorations foncières, soit plantations, ou constructions, soit engraissement des terres, c'est changer une portion de son capital circulant en valeur foncière. De même couper des arbres, diminuer la fécondité du sol par une succession de cultures épuisantes, c'est convertir une portion du capital foncier en capital circulant.

Celui qui est tout-à-la fois possesseur de l'un et de l'autre, c'est-à-dire, le cultivateur propriétaire, augmente sans crainte la valeur du fonds au moyen de son travail et de sa bourse : il voit dans une judicieuse application du capital circulant à son fonds, une source certaine de bénéfices. Le fermier, au contraire, seulement possesseur du capital circulant, ne peut fixer au sol une portion de ce capital, que dans le cas où il a la certitude non seulement de retirer un plus fort intérêt du fonds amélioré, mais encore de retrouver dans ses produits la somme dépensée en améliorations. Or, il n'a cette certitude, que s'il afferme le sol pour un nombre d'années considérable.

LEGUEN. — Assurément je reconnais par expérience ce qu'on gagne à améliorer le bien des autres ; sais-tu ce qui m'arrive aujourd'hui que j'ai enrichi par mes sueurs la petite ferme que je loue de M. de Kérien pour 3, 6 ou 9 ans, comme c'est l'usage ?

YVON. — Non, je l'ignore.

LEGUEN. — M. de Kérien prétend augmenter le prix de location ou me mettre à la porte.

LE RECTEUR. — Je ne crois pas M. de Kérien assez injuste pour vouloir s'approprier le fruit de tes sueurs. Ne serait-ce pas plutôt par une raison toute contraire à celle que tu allègues, qu'il songe à te remplacer ? Lebras qui est comme toi son fermier ne l'a jamais accusé de dureté et moins encore d'injustice.

LEBRAS. — Non assurément, M. le Recteur.

YVON. — Les baux à long terme seraient un obstacle à l'avidité des propriétaires aussi bien qu'à celle des fermiers. Ils deviendraient pour les premiers une garantie que le bien ne serait pas dégradé dans le cours d'un certain nombre d'années ; et les fermiers eux-mêmes ne craindraient pas de se livrer à des améliorations dans le commencement du bail, étant sûrs d'en profiter pendant un laps de temps suffisant pour retrouver leurs avances avec bénéfice.

LE RECTEUR. — On pourrait supposer qu'un remède au mal résulterait des baux dits *congéables* qui existent encore en grand nombre dans le Finistère et le Morbihan, et dont l'origine remonte, dit-on, à l'émigration dans nos contrées de beaucoup d'habitants de la grande Bretagne qui fuyaient le joug des Saxons.

YVON. — Par les baux dont vous parlez, M. le Recteur, le capital foncier se trouve divisé en deux parties : d'une part, le sol proprement dit qui appartient au maître ; de l'autre, les clôtures, plantations, constructions faites par le fermier * et qui sont sa propriété, de telle sorte qu'il ne peut être congédié que lorsque la valeur de ces améliorations lui a été remboursée par le propriétaire.

De ce système autrefois très-répandu en Bretagne, il est résulté que les fermiers ont souvent multiplié les clôtures sans besoin réel, au point d'entraver les cultures et de leur nuire : de sorte que les prétendues améliorations ont dégénéré en détériorations, tandis que l'accroissement de fertilité du sol qui

---

* Elles se nomment édifices et superfices.

est le point capital, était compté pour rien dans les baux dont il s'agit; aussi les regarde-t-on aujourd'hui comme très-vicieux; on en supprime beaucoup et l'on n'en refait point.

LEGUEN. — Tu permettras, mon cher Yvon, qu'avant de passer outre, je dise nettement que quelques unes des choses dont tu viens de nous entretenir, sont à mes yeux d'une nouveauté inquiétante. Je n'ai jamais rien ouï dire de semblable à nos anciens qui en savaient plus que nous cependant, et dont nous devons respecter la sagesse en suivant leurs exemples? vouloir les surpasser, c'est, il me semble, chose impossible.

YVON. — Je ne partage pas entièrement ton avis, mon cher; nous devons, comme tu le dis, respect à la sagesse, aux usages, aux exemples de nos pères; mais il n'est pas à dire pour cela qu'on ne puisse et qu'on ne doive perfectionner ce qu'ils ont commencé. Si eux-mêmes avaient eu tes scrupules, nous nous nourririons encore aujourd'hui de glands comme faisaient nos ayeux les Gaulois. Ne rejetons donc pas, à cause de leur nouveauté, les méthodes que le simple bon sens signale comme avantageuses, d'autant plus que, bien que nouvelles pour nous, elles ne sont pas moins depuis long-temps en honneur dans d'autres contrées.

LEGUEN. — Ce qui convient à certains pays, peut n'être nullement avantageux à celui-ci.

YVON. — Sans parler de mes résultats, je puis t'affirmer à l'avance, et je te le prouverai par la suite, que les trois quarts des théories qui m'ont réussi, sont en honneur sur divers points de la Bretagne.

Mais il me semble qu'il se fait tard, il convient de regagner le bourg. Voulez-vous que tous les dimanches, après vêpres, nous nous réunissions ainsi pour la suite de nos entretiens agronomiques? ils pourront nous être utiles, malgré les inquiétudes de Leguen.

LE RECTEUR. — J'accepte pour nous trois, avec empressement et reconnaissance.

YVON. — Comment, M. le Recteur, vous voulez vous donner la peine de vous joindre à nous?

LE RECTEUR. — Le pasteur d'une paroisse, mon cher ami, ne doit-il pas, même dans les choses temporelles, le faible tribut de son secours à ceux qui lui sont confiés? et, en fait d'agriculture, puis-je m'adresser à mieux qu'à toi pour acquérir les notions propres à bien diriger les avis que je suis dans le cas de donner à ceux qui me consultent ?

YVON. — Je suis confus et heureux tout-à-la-fois de l'honneur que vous me faites. Je ferai mes efforts pour m'en rendre digne.

Avant de nous séparer, je crois à propos de déterminer l'ordre dans lequel nous dirigerons nos recherches. Puisque nous avons reconnu en agriculture deux sortes de capitaux, le capital foncier qui est le sol, et le capital circulant, il est convenable de former là-dessus deux divisions ; dans l'une nous étudierons le sol, sa composition, sa valeur ; dans la seconde nous passerons en revue les diverses parties du capital circulant ; le travail, les engrais, les systèmes de culture, enfin les végétaux et animaux qu'une exploitation rurale a pour objet de produire ou de mettre en œuvre : l'étude de tout cela donnera lieu à des causeries très agréables, du moins pour moi, puisqu'elles se feront avec de vieux amis et notre digne pasteur.

LE RECTEUR. — C'est on ne peut mieux réglé, à dimanche donc, mes enfants.

PREMIÈRE PARTIE.

CHAPITRE DEUXIÈME.

Du Sol ou Capital Foncier.

YVON. — Non, messieurs, il est inutile que vous veniez jusque chez moi. Comme nous nous occupons aujourd'hui du sol, nous serons plus à même de comparer les terres de différentes natures, en nous promenant dans la campagne, à moins que cela n'incommode M. le Recteur.

LE RECTEUR — Nullement. Ne me voyez vous pas souvent, quand il fait beau, dire mon bréviaire en parcourant les endroits les plus agréables de cette contrée?

YVON. — J'entrerai en matière touchant le sol par un mot sur sa valeur. Elle dépend 1° de la population, 2° du plus ou moins de capital circulant nécessaire pour obtenir de ce sol une production utile, et la mettre à portée du consommateur.

Relativement à la première base, vous apercevez, sans qu'il soit nécessaire de m'étendre davantage, que plus la population est forte, plus les moyens de subsistance sont recherchés, et par suite le sol qui les produit.

LE RECTEUR. — Dans les pays déserts ou peu habités, où les besoins sont presque nuls, les meilleures terres sont aussi sans valeur, à moins que le commerce ne trouve avantage à transporter leurs productions dans des contrées où les besoins sont plus grands.

YVON. — Le commerce achève dans ce cas l'ouvrage de l'agriculture, en mettant les produits de celle-ci à la portée du consommateur par une nouvelle application du capital circulant. Ceci rentre dans la seconde base de la valeur du sol dont je viens de parler, qui est la nécessité de lui appliquer un capital plus ou moins grand, non seulement pour le faire produire, mais encore pour livrer ses produits à la consommation.

Pourquoi un sol riche a-t-il dans la même localité plus de valeur qu'un sol pauvre? parce-qu'il rapporte autant que ce dernier sur un espace de terrain bien moins considérable, et, par conséquent, sans exiger une aussi forte application de travail et d'engrais.

Pourquoi les champs d'une exploitation difficile, tels que ceux que nous appelons *fond des terres*, auxquels on ne peut arriver que

par des chemins presque impraticables, sont-
ils d'un prix si faible, quoique souvent de
bonne qualité? parce qu'il faut, pour en extraire les productions et y amener les engrais,
une grande application de force et de travail.

LE RECTEUR. — Vous ne vous faites
pas une idée, mes enfants, de la valeur que
vous donneriez à vos terres par l'amélioration
de vos chemins. Je vois, par exemple, Kerdiven l'un de vos voisins, obligé de nourrir
toute l'année un attelage de six chevaux, à
cause de cinq ou six mauvais pas qui se
trouvent dans le chemin de sa terre du *men-
hir*, tandis que quatre suffiraient, si le chemin était, je ne dirai pas bon, mais seulement
passable. Ces deux chevaux en plus lui coûtent
400 fr. par an; l'empierrage du chemin ne
coûterait pas cette somme; Kerdiven le sait,
et persiste à le laisser à l'abandon.

LEBRAS. — C'est qu'il n'entend pas que
Lehir, qui a aussi des champs par là, profite
de son travail. D'ailleurs il espère que ce dernier prenant lui-même tôt ou tard la peine de
restaurer le chemin, il jouira de ces répara-
tions sans avoir déboursé un sou. Lehir est
dans les mêmes dispositions que Kerdiven et
les fondrières restent.

LE RECTEUR. — Oh! que je reconnais

bien là cet esprit étroit qui fait tant de mal et empêche tant de bien dans les campagnes.

YVON. — On a vraiment pitié d'un tel aveuglement. Il est incroyable qu'on néglige avec une pareille incurie les facilités d'exploitation dont l'avantage est néanmoins si grand, qu'il balance souvent celui de la fécondité du sol, qualité qui, du reste, est de la dernière importance. Comme elle dépend des diverses substances qui entrent dans la composition des terres, il est à propos, ce me semble, de dire un mot de cette composition.

Le sol végétal qui nourrit les plantes renferme deux portions bien distinctes : l'une est inerte, c'est le débris des roches et terrains ameublis à leur surface par l'action de l'atmosphère ; l'autre est pleine de vie. c'est elle qui sert à la nutrition des plantes et qui résulte de toute décomposition végétale et animale. Cette substance s'appelle humus. Quoique, malgré d'innombrables recherches, la science ne soit pas encore arrivée à donner sur l'action, la formation et la composition de l'humus des notions entièrement satisfaisantes, on a cependant reconnu d'une manière positive que sa nature dépend des corps qui l'ont produit ; que l'action de l'air est nécessaire à la formation de l'humus dont se nourrissent les plantes utiles, et que l'eau stagnante s'y oppose.

L'humus résultant de la décomposition des matières animales, renferme plus que tout autre des substances solubles et de bonne nature. Il est bien différent de celui qui abonde dans les terres de landes, et qui provient de la décomposition des bruyères et fougères, ce dernier résiste aux suçoirs du plus grand nombre de nos végétaux, et alimente à peu près exclusivement les plantes qui l'ont produit.

Il en est de même de celui qui s'est formé sous l'eau, et qu'on trouve dans certains lieux humides couverts de joncs, de carex ou leiches et autres herbes mauvaises. Cet humus contient un acide nuisible à la végétation. Vous savez qu'il compose quelquefois, presque sans aucun mélange, le sol de certains fonds. Nous en avons un exemple ici près au marais desséché de S.ᵗ-Julien.

LEBRAS. — Tu as raison, cette terre est noire et légère comme du terreau, mais rien ne peut s'y enraciner. On dirait une éponge dans les moments de pluie, et dès qu'il fait sec toute l'humidité s'évapore. Cependant, mon beau-frère tire bon parti de cette terre qu'il porte en guise d'engrais sur son champ des Trois-Croix : mais il a remarqué qu'elle n'agit qu'au bout d'un certain temps.

YVON. — En effet, l'action de l'air détruit peu à peu les propriétés nuisibles de cet humus, et même en rend soluble une portion. La chaux, les cendres accélèrent beaucoup cette transformation : nous en causerons en même temps que des engrais.

Si l'air a de l'action sur l'humus le plus difficile à décomposer (action nécessaire pour rendre toute espèce d'humus propre à la nourriture des végétaux), cette action est bien plus grande sur celui qui, plus soluble et plus répandu dans le sol, alimente les plantes utiles. Aussi est-ce par leur manière de se comporter avec l'air, autre aliment indispensable des végétaux, que les corps inertes entrant avec l'humus dans la composition du sol, ont une influence notable sur la végétation. La présence dans le sol d'une certaine quantité de ces corps, est même nécessaire pour rendre productif l'humus qui seul serait trop léger pour que la plupart des plantes pût y prendre racine. Les principales de ces substances sont la silice, l'argile, le calcaire, le fer. Lorsque vous allez à S.ᵗ-Malo, ne remarquez-vous pas sur la plage ces sables que la mer y dépose ?

LEGUEN. — Ils sont si mouvants que le vent les amoncèle sous forme de monticules, et qu'on n'y peut marcher qu'avec peine.

YVON. — Ce sable n'est rien autre chose

que de la silice à peu près pure. Ainsi que vous l'avez remarqué, c'est une substance fort légère, très-impressionnable aux influences atmosphériques, qui laisse échapper facilement l'humidité. Les sols qui en sont totalement composés, comme c'est le cas des dunes de St-Malo, sont à peu près sans valeur, attendu que presqu'aucune plante utile n'y végète, et que souvent même il est dangereux de les remuer, le vent pouvant les entraîner et produire des ensablements désastreux.

LE RECTEUR. — N'est-ce pas la silice qui abonde aussi dans les terres granitiques comme celles où nous sommes en ce moment?

YVON. — Elles sont formées en grande partie de silice et de grains durs composés autrement qu'elle, mais qui dans la terre ont les mêmes propriétés. Vous savez combien les champs ainsi composés sont secs et peu fertiles. Dans la même classe de terrains nous devons ranger encore les sols reposant sur le schiste ardoisier, sols formés des débris de cette roche dont l'air a délité la surface. Les grains durs qui y abondent ont exactement les propriétés des grains siliceux : comme eux ils divisent le sol. Si ce dernier n'a que deux ou trois pouces d'épaisseur, il est sec et stérile. Si, au contraire, le schiste variant un peu de composition y est plus tendre, et friable dans une plus grande profondeur, la terre se trouve meilleure et plus fraîche.

De la légèreté des terrains où la silice abonde le plus, il serait naturel d'inférer que cette substance tend toujours à rendre le sol sec et poreux. C'est ce qui a lieu, en effet, lorsqu'elle n'est pas arrivée à une division extrême. Mais à ce dernier état ses propriétés changent, elle se serre facilement par l'effet de la pluie, et retient assez fortement l'eau. Certaines alluvions, notamment celles de la Loire, en sont formées, presque sans aucun mélange d'autres corps que d'une grande proportion d'humus très-fertile. Lorsque cette dernière substance ne vient pas par son abondance atténuer le défaut qu'ont ces sols de se rebattre par l'effet des pluies, ce défaut devient très-nuisible.

LEBRAS. — C'est ce qu'on nomme *terres blanches*. En voici un champ qui dépend de ma ferme : il est arrivé plus d'une fois, depuis que je le cultive, qu'après avoir été bien semé et parfaitement ameubli, une averse prolongée en rendait la surface aussi ferme qu'une aire, ce qui ne permettait plus à la semence de lever.

LE RECTEUR. — C'est là un déplorable inconvénient.

YVON. — Cette croûte formée à la surface prive, en effet, l'intérieur du sol des influences atmosphériques sans lesquelles nulle germination n'est possible, et sans lesquelles aussi les plantes déjà levées ne prospèrent pas, puisque l'humus a besoin de l'action de l'air pour être approprié à leurs besoins. Cette même croûte en même temps qu'elle étrangle leur collet, empêche de pénétrer jusqu'aux racines les rosées et les pluies douces si bienfaisantes, surtout en été.

Lorsque des champs rebattus immédiatement après des semailles se sont ressuyés assez vite pour permettre aux chevaux d'y entrer, il faut sans retard en déchirer la surface par un hersage énergique. Si l'humidité n'a pas été assez forte ou assez prolongée pour pourrir les semences, elles lèveront. Du reste le meilleur moyen de corriger ce défaut des sols siliceux à grains fins, de même que ceux de tout autre terrain, c'est d'en modifier la composition par l'emploi des amendements. Je vous en entretiendrai plus tard ; maintenant passons à l'argile.

C'est cette substance grasse et compacte qui sert à fabriquer les tuiles, briques et pots grossiers. Aussi répandue au moins que la silice dans la composition des terres, elle leur communique des propriétés tenaces, en raison de son abondance.

LEGUEN. — Je suis sûr que le champ où nous sommes en contient une grande quantité, car Dieu sait toute la peine que mes pauvres chevaux et moi avons à le travailler.

YVON. — Justement ; tu sais aussi combien il est humide. L'argile, en effet, retient puissamment l'eau dont les sécheresses un peu prolongées finissent toutefois par évaporer une portion notable. La terre alors se durcit et se crevasse fortement comme vous le voyez ici. On pourrait croire l'argile à cet état dépouillée de toute humidité, mais elle en contient encore plus qu'on ne pense, et lorsqu'au moyen d'un feu prolongé, on est parvenu à lui enlever toute cette eau, elle change de nature et devient brique. Cette grande affinité de l'argile pour l'eau explique l'action de la gelée sur les sols dans la composition desquels elle entre.

Vous savez qu'après l'hiver, pour peu qu'il y ait eu de gelée, la surface de ces terres si compactes se trouve en cendres.

LEBRAS. — Rien n'est plus vrai ; tandis que la même chose n'a pas lieu pour les terres blanches.

YVON. — L'eau à l'état de glace occupe plus d'espace qu'à l'état liquide : ainsi en gelant dans le sol, elle en soulève les particules. Au dégel cette eau ne revient pas toute à l'état liquide dans les sols argileux, mais une grande partie fait corps avec l'argile et cette dernière reste soulevée. Dans les sols siliceux, au contraire, l'eau qui revient toute à l'état liquide, forme à la surface avec la silice une boue qui se serre ensuite promptement. De cette propriété qu'a l'argile de se diviser par l'action de la gelée, il est naturel d'inférer que les labours avant l'hiver ameublissent mieux que toute autre culture, les sols où l'argile, d'ailleurs si tenace, est en notable quantité.

LE RECTEUR. — Rien de plus rationnel qu'une telle conséquence.

LEBRAS. — J'ai suivi avec grande attention, mon cher Yvon, cette petite revue que tu viens de faire, et je la croirais terminée, si tu n'avais tout d'abord prononcé les mots de calcaire et de fer.

YVON. — Nous ne connaissons, il est vrai, dans ces contrées que des sols schisteux, et d'autres à la composition desquels l'argile et la silice concourent en proportions diverses, depuis les terres fortes jusqu'aux terrains granitiques les plus légers.

Il existe cependant une autre substance qui entre comme partie constituante dans la composition de beaucoup de sols, mais que je ne puis malheureusement vous montrer ici, autrement qu'en coquilles ou débris de coquilles, c'est le calcaire qui, à l'état de pierre, forme les marbres et les pierres à chaux. Bien qu'on ne le trouve en Bretagne que dans un petit nombre de localités, il convient néanmoins d'en dire deux mots : sa présence dans le sol tend toujours à rendre ce dernier meuble et perméable. Elle favorise ainsi la décomposition de l'humus, laquelle se trouve encore accélérée par une certaine action chimique du calcaire. D'où il résulte que les sols qui en contiennent trop sont brûlants et stériles.

En revanche, le mélange d'une certaine quantité de calcaire et d'une forte proportion d'argile et de silice, constitue la meilleure nature de sol ; je veux dire que, dans ces terres, l'humus est plus vite et mieux approprié aux besoins des végétaux que dans toute autre. Bien entendu qu'une beaucoup plus grande proportion d'humus dans un sol moindre, peut rendre la supériorité à ce dernier, et c'est ce qui a lieu pour de nombreuses alluvions moins bien composées, mais plus riches en humus. Néanmoins les terres calcaires ont exclusivement l'avantage de nourrir deux plantes précieuses, la luzerne et le sainfoin, avantage immense que je vous ferai apprécier plus tard, en vous entretenant de ces deux végétaux.

LEBRAS. — Tu nous indiques, mon cher Yvon, tout le bien que produit le calcaire, dis-nous donc aussi à quel signe nous le reconnaîtrions, si par hasard il existait dans quelqu'une de nos terres.

YVON. — A une forte végétation de pas d'âne, de sénevé jaune ou moutarde noire, de trèfle jaune ou minette, de mélampyre ou rougette. Un autre signe également infaillible, c'est l'effervescence ou bouillonnement que produit toute terre calcaire, lorsqu'on verse sur elle un acide, tel que du vinaigre fort.

LEGUEN. — Maintenant je suis curieux de savoir ce que tu feras du fer, puisque tu l'as nommé.

YVON. — C'est principalement aux oxides de ce métal que sont dues les couleurs des divers terrains, lesquels passent par des nuances insensibles du vert au jaune, au rouge, au brun, au noir. Cette dernière couleur souvent aussi vient de l'humus ; elle a la propriété d'absorber les rayons du soleil, tandis que le blanc les repousse, aussi, toutes choses égales d'ailleurs, les sols foncés en couleur sont plus chauds et plus précoces que ceux dont la nuance est claire.

LE RECTEUR. — J'ai, en effet, remarqué que la neige fond sur les terres noires bien plus tôt que sur les blanches.

YVON. — Outre les particules fines qui constituent les terres, le sol renferme souvent des débris de roches dures que les agents athmosphériques n'ont pu altérer. A l'état de gravier, et lorsqu'ils sont peu abondants, ces débris ne nuisent pas à la fertilité ; une excellente opération, c'est même de mêler de ces graviers dans les sols argileux, qui en deviennent sensiblement moins tenaces.

Les pierres roulantes en petite quantité ne nuisent pas non plus, mais leur grand nombre entrave fortement la marche des charrues ; beaucoup de terres, du reste, perdent à être trop épierrées, et deviennent brûlantes à la suite de l'opération.

LE RECTEUR. — Cela vient sans doute de ce qu'avec l'humus elles ne renferment presqu'exclusivement que des pierres. Otez celles-ci, il ne reste plus qu'une terre légère, spongieuse où les plantes pouvant à peine s'enraciner, ne sauraient se soutenir.

YVON. — Justement, monsieur le Recteur. Ainsi, dans les champs de ce genre, on doit se borner à ôter les pierres les plus volumineuses qui embarrassent le plus la culture.

Quant aux pointes de rochers qui surgissent dans le sol labourable, elles le déprécient notablement. L'autre jour je voyais Lebras qui s'exerçait rudement sur l'un de ces rocs par trop fréquents dans nos contrées.

LEBRAS. En effet, j'avais failli briser mon soc sur cette pointe, et je me suis vengé en la faisant disparaître, mais non pas sans suer beaucoup.

YVON. — Afin de nous entendre plus tard, il est bon de convenir en ce moment de différents termes pour désigner les terres de diverses natures, nous nommerons *siliceuses*, *argileuses*, et *calcaires*, celles où la silice, l'argile, le calcaire entrent en très-grande proportion, de manière à donner au sol les propriétés de l'une et de l'autre de ces substances.

Par *glaise* nous entendrons toute terre de composition variée ; et nous l'appellerons *glaise siliceuse*, *argileuse* ou *calcaire*, selon que la silice, l'argile ou le calcaire prédominera dans sa composition, si la proportion de l'un ou de l'autre de ces corps était très-forte, il va sans dire que nous reprendrions nos termes de *terre siliceuse*, *argileuse* ou *calcaire*. Il va sans dire aussi que les grains durs qui ont dans la terre les propriétés de la silice, seront considérés par nous comme *silice* dans la composition du sol. Je me suis déjà expliqué à cet égard en vous parlant des terrains granitiques et schisteux.

Il me reste, mes amis, à fixer votre attention sur une partie du sol non moins digne d'étude que la couche superficielle où s'exercent nos instruments; je veux parler de ces bancs souterrains dans lesquels l'homme ne craint pas de s'enfoncer quelquefois à d'immenses profondeurs pour en extraire les métaux. Pour nous, laboureurs modestes, pénétrons y aussi, mais à ciel ouvert, et seulement pour connaître l'influence que peuvent avoir, à l'égard du sol, ces parties inférieures sur lesquelles il repose, et que je désignerai par le nom de *sous-sol*.

Les sous-sols quoique très-variés, peuvent se ranger en deux classes, les sous-sols perméables qui boivent l'eau, les sous-sols imperméables qui la repoussent.

Vous jugez de suite combien ces propriétés contraires modifient celles du sol : un terrain argileux, par exemple, très-humide avec un sous-sol imperméable, ne l'est pas du tout avec un sous-sol qui absorbe les eaux.

La perméabilité du sous-sol dépend de sa

nature, ou du plus ou moins d'adhérence des lits de roches entre eux. Les sables, les graviers, les calcaires à l'exception des marbres, sont perméables; l'argile est toujours imperméable. Le schiste, le granit sont ou ne sont pas perméables, selon que leurs bancs sont plus ou moins serrés.

Les roches dures imperméables forment le sous-sol le plus ingrat, car, en même temps qu'elles repoussent l'eau, elles n'en contiennent pas comme le sous-sol argileux, lequel, s'il est trop humide en hiver, a du moins l'avantage d'être frais en été, aussi les sous-sols imperméables à roches dures, deviennent-ils brûlants dans les sécheresses, tandis qu'ils restent très-mouillés en temps de pluie. D'un autre côté, les instruments aratoires ne pouvant les entamer, il est impossible d'y augmenter la profondeur du sol végétal, opération sur laquelle je reviendrai en parlant des labours, et qui remédie souvent en partie aux inconvénients résultant du sous-sol.

LE RECTEUR. — Eh bien, mes enfants, ne trouvez-vous pas bien agréable d'employer la partie de ce saint jour qu'on peut donner au repos, à suivre notre bon Yvon dans l'étude de quelques uns des admirables secrets de la nature, surtout lorsque cette étude vous doit être si utile? Cela vaut bien sans doute une partie de boule.

LEBRAS. — Assurément, M. le Recteur.

LEGUEN. — Hom ! le jeu de boule a bien aussi son mérite, et pour y briller il n'est pas nécessaire de se torturer l'esprit à des choses qui n'entrent pas aisément dans une tête de breton aussi dure que la mienne.

LE RECTEUR. — Sans doute ; mais aussi ne sert-il qu'à passer le temps, et quelque fois à en faire perdre un précieux, aussi bien qu'un argent qu'il serait facile de mieux employer. Du reste, mes amis, vous le savez, je ne suis pas l'ennemi des plaisirs honnêtes, je n'en combats que l'abus. Allez donc, si cela vous plait, à la lande de Keroars où nous venons de voir commencer une partie de boule. Moi, je retourne au presbytère en assignant Yvon pour dimanche prochain.

YVON. — Cela est entendu, M. le Recteur, je suis enchanté de vous être agréable en quelque chose.

SECONDE PARTIE.

CHAPITRE TROISIÈME.

Du Capital Circulant.

Du Travail.

YVON. — Je voudrais, M. le Recteur, vous épargner, comme l'autre jour, la peine de venir jusque chez moi. Cependant comme je dois aujourd'hui vous entretenir du travail, et par suite des instruments au moyen desquels on l'applique au sol, peut-être serait-il convenable que vous vissiez ceux dont je me sers, et dont la supériorité n'est pas douteuse.

LE RECTEUR. — Conduis-nous, mon ami, comme il te plaira.

YVON. — Dans l'étude des diverses branches du capital circulant, nous devons mettre en première ligne le travail. Le travail est le moteur indispensable non-seulement de l'agriculture, mais de toute industrie. Le travail seul donne du prix aux choses, et ces dernières acquièrent une valeur d'autant plus grande qu'il a fallu plus de travail pour les approprier aux besoins de l'homme. Ainsi, le travail est réellement la source de tous les capitaux, en même temps qu'il est lui-même le capital le plus précieux.

LE RECTEUR. — Le travail n'est autre chose que le temps employé d'une manière utile, et puisque ce temps bien employé est un capital, le temps perdu est un capital perdu, tout aussi bien que si vous jetiez hors de votre poche la somme d'argent égale au temps perdu s'il eut été utilisé.

Je ne puis trop insister sur ce point, car en vérité vous avez presque tous l'air de regarder votre temps comme s'il était inépuisable, tant vous êtes prompts à saisir les plus petites occasions, les plus légers prétextes pour le gaspiller. Tantôt c'est le pardon de tel endroit, tantôt c'est la noce d'un arrière cousin.... Que sais-je moi !

Cependant l'intention de Dieu, mes amis, est que vous travailliez : il vous l'a formellement ordonné, de même qu'il vous a prescrit de vous reposer le septième jour : sanctifiez donc ce jour, sanctifiez aussi les fêtes établies par l'église; ensuite vous ne pouvez mieux faire, dans vos propres intérêts et en vue de plaire à Dieu, que de travailler assidûment.

YVON. — Ah ! que vous dites vrai, M. le Recteur ! J'ajouterai qu'il faut encore regarder comme capital en partie perdu, un temps employé au travail d'une façon peu judicieuse qui fait qu'on n'en tire pas tout le parti possible.

La perfection du travail dans une exploitation rurale, consiste donc non seulement à employer le temps d'une manière utile, mais encore de la manière la plus utile. C'est ainsi qu'on obtient les divers ouvrages au meilleur marché possible. Les moyens pour cela varient dans les diverses localités suivant plusieurs circonstances dont la principale est la population; plus cette dernière est nombreuse et par suite la main d'œuvre à bon marché, plus on pourra effectuer d'ouvrages à la main.

En règle générale, il faut autant que possible diviser et spécialiser le travail : car l'ouvrier, presque toujours chargé de la même tâche, acquiert par l'habitude une habileté qui le met à même de faire mieux que tout autre, plus vite, et par conséquent à plus bas prix. Je sais qu'en agriculture il n'y a pas moyen d'appliquer ce principe à la lettre, car les travaux sont si variés que, même dans les plus vastes exploitations, la division entière du travail est impossible, mais il faut, autant qu'on le peut, donner à chacun sa spécialité. Ainsi, par exemple, des trois fils de Lebras l'un doit soigner les chevaux et les conduire aux divers travaux, l'autre s'occuper du bétail à cornes et le troisième des ouvrages à la bêche.

LEBRAS. — Tu me donnes-là une bonne idée. De cette manière aussi chacun se trouverait responsable pour la partie dont il aurait la direction exclusive, et ils ne seraient pas à se chamailler à qui fera ceci ou ne fera pas cela, et à se rejeter leurs négligences de l'un sur l'autre.

YVON. — En agriculture beaucoup de travaux étant surbordonnés à l'état de l'atmosphère, ne peuvent être exécutés trop rapidement, car souvent un moment favorable perdu, ne se retrouve plus. Il est de principe qu'un ouvrage reconnu nécessaire perd à être différé, et ce qui doit être fait l'est toujours mieux plus tôt que plus tard.

Rien ne remplace dans l'exécution des divers travaux l'exemple et l'œil du maître, aussi ce dernier doit-il être laborieux et stimuler ses ouvriers, soit en travaillant avec eux, soit en exerçant une surveillance active, douce et ferme tout-à-la-fois.

LE RECTEUR. — Cette surveillance rend un grand service d'un autre genre à ses enfants, domestiques et ouvriers, en prévenant les mauvais propos, les rixes et autres désordres.

YVON. — La simplification du travail s'obtient au moyen d'animaux et de machines appropriées à leurs forces. Nos bœufs, nos chevaux mènent sur des voitures nos récoltes, nos bois, nos engrais que nous trouverions fort pénible pour ne pas dire impossible de transporter nous-mêmes; attelés aux charrues ces animaux cultivent le sol à bien meilleur marché qu'on ne le ferait à la main.

Mais de la manière d'employer leurs forces et leur temps, résulte encore une différence notable dans le profit qu'on peut en tirer. Ainsi Lebras va le plus souvent seul à la charrue avec deux bons chevaux, et j'en vois toujours à celle de Leguen au moins quatre petits, plus deux personnes, tandis que je fais le même travail seul avec deux gros bœufs.

Pour peu que nous raisonnions, nous verrons sans peine qui de nous trois laboure à meilleur compte. Le cheval s'use et perd chaque année de sa valeur. Il n'en est pas de même du bœuf qui, tout en travaillant, augmente souvent encore de prix. La nourriture du cheval doit être aussi mieux choisie et accompagnée d'une ration de grain, ce qui la rend beaucoup plus chère que celle du bœuf; ainsi par deux raisons le travail de ce dernier revient à meilleur marché que celui du cheval. Il est vrai que le bœuf ayant le pas plus lent expédie un peu moins d'ouvrage dans le même laps de temps, mais vous conviendrez que, cela compté, l'avantage lui reste encore.

LEGUEN. — Cela pourrait être s'il ne s'agissait que de labour ; mais on a aussi à faire des charrois qui réclament le service du cheval.

LE RECTEUR. — Pas plus que celui du bœuf qu'on y emploie à peu près exclusivement dans les pays de Nantes et de Redon. Le bœuf fort et patient surmonte souvent des difficultés qui rebuteraient le cheval, surtout si ce dernier ne les surmontait pas du premier coup.

LEBRAS. — Je suis de votre avis, M. le Recteur, et de celui d'Yvon : si je trouvais à bien vendre mes chevaux, je les remplacerais par des bœufs.

LEGUEN. — Si tous les cultivateurs adoptaient ce système, je voudrais savoir où la cavalerie, les rouliers, la poste et les richards des villes iraient se pourvoir de chevaux.

YVON. — Ce ne serait assurément pas chez toi qui n'as que des haridelles. Du moins, mon cher Leguen, remplace-les par de belles cavales auxquelles tu feras faire des poulains :

alors, si ton élevage est bien entendu, le travail de ces juments pourra te revenir à meilleur marché que celui des bœufs.

Du reste, un principe constant, c'est que le travail des animaux faibles, dans chaque espèce, est plus coûteux que celui des animaux forts ; car les frais d'entretien si nombreux, pour les chevaux principalement, à cause des harnais et du ferrage, se répètent sur chaque individu. Pour la charrue une réunion de plus de deux bêtes exige presque toujours une personne de plus. Enfin il est prouvé, comme vous savez, que, plus un attelage est nombreux, plus il faut de la part du charretier d'habileté pour utiliser les forces de chaque animal ; et encore, avec toute l'adresse possible, avec les bêtes les mieux instruites, ne saurait-il empêcher une déperdition de forces provenant de la longueur de la ligne du tirage, et des déviations inévitables qui en résultent.

LE RECTEUR. — A ce que tu viens d'expliquer si clairement, mon cher Yvon, j'ajoute qu'il est dit dans la loi de Moïse : *Tu ne réuniras pas ensemble à la charrue ton bœuf avec ton âne*, ce qui signifie, tu ne mettras pas dans le même attelage des animaux d'allures différentes. Rien de plus vicieux, en effet, rien de plus barbare ! cependant l'usage d'atteler ensemble bœufs et chevaux est très répandu dans ces contrées, principalement du côté de Ploërmel, Pontivy, Redon, où presque toutes les charrues sont trainées par deux bœufs que précède un cheval. Quand on examine un tel attelage, il est facile de se convaincre que le bœuf est entraîné par le cheval auquel il oppose une certaine résistance, d'où résulte fatigue pour l'un et pour l'autre, avec déperdition de force.

YVON. — Rien n'est plus exact, M. le Recteur. Je passe à un point non moins important qui est de savoir par quels procédés on peut appliquer au sol le plus utilement et au meilleur compte, le travail des animaux.

Au sujet de l'humus nous avons reconnu que l'action de l'air est indispensable pour le mettre à même de nourrir les végétaux que nous cultivons. Point de culture possible, en effet, si on n'expose de temps en temps le sol aux influences atmosphériques. La charrue est l'instrument destiné à accomplir ce travail.

D'autres conditions non moins essentielles, pour une culture avantageuse, sont : 1° un ameublissement du sol qui permette aux racines d'y pénétrer facilement; 2° la destruction des herbes parasites nuisibles à nos végétaux ; 3° un enfouissement des semences tel que la germination en soit aisée.

Le travail de la charrue seul satisfait rarement à ces trois conditions, et le plus souvent il doit être accompagné ou suivi de celui d'autres instruments. Mais la charrue, plus nécessaire et plus respectable qu'aucun d'eux, doit avoir le pas.

LEGUEN. — En quoi, je te prie, la charrue est-elle si respectable? pour moi je ne lui ai jamais porté respect, je t'assure, et je la brûlerais volontiers, tant elle me donne quelquefois de peine.

YVON. — J'avoue, mon cher, qu'à ta place j'en ferais tout autant : mais je substituerais bien vite à cette machine grossière que tu appelles ta charrue, le noble instrument que des grands hommes tenaient à honneur de faire marcher dans les beaux siècles de l'antiquité.

Sais-tu ce que disait l'un d'eux en détélant ses bœufs à la prière de ses concitoyens, pour aller sauver sa patrie en danger? » *notre* » *champ sera donc bien mal cultivé cette* » *année!* »

LEBRAS. — Cela est sublime ! mais comment donc étaient faites les charrues dans ces temps dont tu me fais regretter de ne pas connaître l'histoire?

Ils approchent en ce moment de la demeure d'Yvon qui leur montre sa charrue sans avant-train.

YVON. — A peu près comme celle-ci.

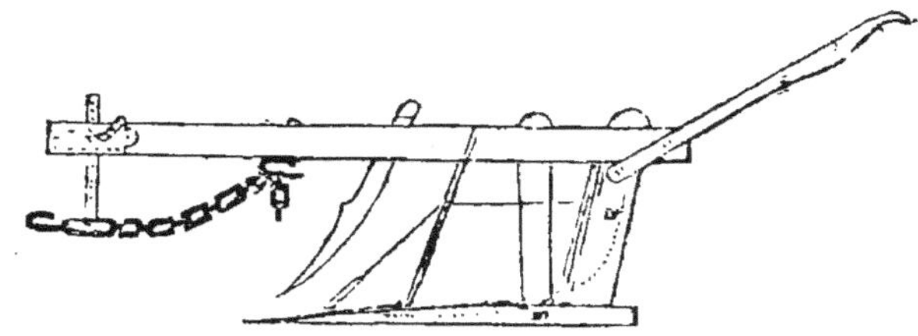

La principale différence, c'est que l'âge, au lieu d'être horizontal comme celui-ci, était oblique et suffisamment long pour s'appuyer sur le joug des bœufs et des mulets qui alors avaient le privilége d'être employés au labourage, à l'exclusion des chevaux que leur impatience et leur sensibilité rend impropres à porter le joug.

Les Belges modifièrent ces charrues encore employées dans le midi de la France, en les rendant indépendantes du joug des bœufs. Les charrues Belges, semblables, du reste, à celles que vous voyez, ont à l'extrémité de l'âge un sabot ou une roulette, qui, traînant à terre, offrent au devant de l'instrument un léger point d'appui. Dans la suite, on a jugé avec raison cette addition inutile, attendu que la charrue trouvait dans la ligne de tirage un point d'appui réel quoiqu'invisible. On construisit alors cette charrue qui est de toutes la plus simple et la plus énergique. On la nomme aussi *araire*.

LF RECTEUR. — Au lieu du sabot dont tu viens de parler, je remarque une pièce en fer à deux branches, au bas de laquelle s'engage la chaîne où s'attellent les chevaux.

YVON. — C'est elle qui sert à régler la marche de l'instrument, et c'est pour cela qu'on la nomme régulateur. Deux mots suffiront pour vous faire bien comprendre sa puissance.

Toute ligne de tirage est droite, si nul obstacle ne la rend anguleuse. Tirez une corde, elle se dressera, à moins qu'elle ne rencontre un objet sur lequel elle s'appuie en faisant angle. Dans ce cas, vos efforts ont bien moins d'effet que si la corde se trouvait droite. Cette corde est véritablement le conducteur de la ligne de tirage, laquelle se comporte toujours de la même manière, c'est-à-dire, qu'elle perd de sa force, en raison de ses déviations et des frottements qui en résultent.

Dans toute charrue le point de résistance

est la pointe du soc, le point d'où part la force destinée à vaincre cette résistance est le point d'attache des traits au collier des chevaux. Entre ces deux points se trouve la ligne de tirage. Suivons-la dans la charrue sans avant-train que voici. Partant de la pointe du soc A elle passe au bas du régulateur B, et arrive au collier des chevaux sans aucune déviation.

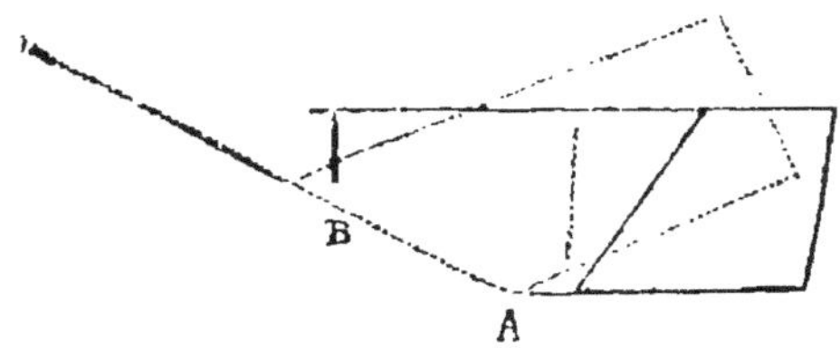

LEGUEN. — C'est très bien dans les cas où le régulateur reste comme le voilà. Mais je vois qu'il est fait pour être haussé et baissé à volonté. Élevons-le de manière à ce que le bas se trouve au point le plus élevé, il y aura nécessairement un angle dans la ligne du tirage.

YVON. — Oui, s'il se trouvait alors un obstacle qui l'empêchât de se redresser : mais il n'en existe aucun. Qu'arrive-t-il dans le cas dont tu parles ? que toute la charrue cesse un moment d'être horizontale, que le devant est baissé et le derrière fortement levé. Ce dernier poids concentré en **A** qui est la pointe du soc, l'oblige nécessairement à s'enfoncer dans le sol, suivant le plus ou moins de résistance qu'offre celui-ci. En prenant plus de terre la charrue se remet dans sa position horizontale, et il se forme une nouvelle ligne de tirage aussi droite qu'était la première. Rien de plus vrai et de plus simple que cette théorie, aussi est-ce par le plus ou moins d'élévation donnée au régulateur qu'on règle la profondeur du labour.

Le laboureur en soulevant par les mancherons le derrière de la charrue, comme le fait la ligne de tirage, lorsqu'on élève le régulateur, obtient le même effet, je veux dire un labour plus profond. Cette double faculté qu'on a de faire piquer en terre la charrue simple, lui donne une énergie telle que si l'attelage est assez fort, et la construction de l'instrument assez solide, il pourra entrer à quelque profondeur que ce soit dans le sol le plus dur.

Dans les charrues à avant-train, la ligne de tirage partant de la pointe du soc, passe nécessairement par dessus l'avant-train qu'elle charge beaucoup en devenant fortement anguleuse, s'il n'est pas très bas, d'où résulte complication de tirage.

Quelque bas du reste que soit l'avant-train,

il ne peut l'être assez pour que, dans le cas des labours profonds, la ligne de tirage ne soit pas toujours anguleuse et la résistance énorme. De plus, on n'a pas, comme avec l'araire, la faculté de concentrer sur la pointe du soc une force considérable, en levant par les mancherons le derrière de la charrue, car alors on la leverait toute entière, l'avant-train formant point d'appui pour le devant. On ne peut donc, vous le savez très bien, que la maintenir à sa profondeur en pressant sur les manches, et encore les efforts sont-ils vains dès que le sol est trop dur.

LEBRAS. — En effet, Yvon, je t'ai vu quelquefois exécuter malgré la difficulté du terrain des labours profonds dont nous ne serions jamais venus à bout. Maintenant dis-nous comment tu règles la largeur de la tranche à retourner.

YVON. — Au moyen de ces crans que vous voyez à la branche du régulateur. Lorsqu'on fait passer la chaîne dans les crans de droite, la ligne de tirage tendant à se redresser pousse la charrue à gauche et fait prendre une plus large raie. Le contraire a lieu lorsqu'on place la chaîne aux crans de gauche.

Une chose également fort importante, c'est de bien adapter le coutre de manière à ce qu'il soit sur toute sa longueur dans la direction du labour, en dépassant un peu du côté de la terre non labourée la ligne du soc, lequel doit plutôt sortir un peu de la ligne du cep que rentrer en dedans.

LEGUEN. — Tout ce que tu viens d'expliquer, mon cher Yvon, ne m'empêche pas d'être persuadé que ton araire vacille et se dérange facilement, ce qui doit donner une peine horrible au laboureur.

YVON. — Détrompe-toi, mon ami, la charrue simple bien construite (ce qui est de rigueur) et bien réglée exige peut-être plus d'attention, mais à coup sûr moins de force qu'aucune autre. La ligne de tirage la ramenant toujours au point fixé par le régulateur, le plus léger mouvement de la main suffit pour aider cette forcée spontanée, dans les cas où un obstacle viendrait troubler la marche de l'instrument.

LEGUEN. — Tu as beau dire, il me semble impossible qu'il ne sautille pas d'une manière très fâcheuse dans les terrains pierreux, puisqu'il manque d'appui.

YVON. — Nouvelle erreur qu'au surplus d'autres ont partagée, ce qui a donné lieu à des essais comparatifs dans lesquels l'avantage est resté à l'araire sur les charrues à avant-

rain, c'est à dire que celles-ci, dans les sols
pierreux, pouvaient se déranger comme l'araire,
tandis qu'ensuite elles ne corrigeaient pas la
faute commise aussi bien que lui.

Les partisans éclairés des charrues à avant-
train, ne contestent aujourd'hui la supériorité
de l'araire que pour certains sols composés de
beaucoup d'argile et d'un peu de calcaire à
peu près sans silice. Cette terre que la rareté
du calcaire rend presqu'introuvable en Bretagne, est très collante, et se pelotonne sous
la charrue qu'elle tend à soulever. Dans les
pays à charrues simples, j'ai vu labourer ces
sortes de terres sans le secours de l'avant-
train : seulement il fallait s'arrêter quelquefois
pour détacher la terre collée sous le cep.

Ainsi en résumé, mon cher Leguen, ce que
peut la meilleure charrue à roues, l'araire le
fait de même, tandis qu'il exécute des choses
qu'on n'obtiendra jamais des autres charrues,
notamment de la vôtre qui est vicieuse à plus
d'un égard. Ainsi, vos socs ronds de forme
conique offrent au sol plus de résistance que
s'ils étaient plats, et comme ils n'ont que la
largeur du cep dans lequel ils s'emboîtent,
c'est-à-dire, trois ou quatre pouces, vous
ne pouvez prendre que des raies de même
largeur.

LEGUEN. — Mais tu sais qu'un labour

à petites raies est ce qu'on peut faire de mieux.

YVON. — Oui, dans le cas où le sol déjà propre n'a besoin que d'être ameubli, mais s'il est fortement enherbé ou couvert d'un gazon, un labour à petites raies est vicieux. Puisque Leguen que l'expérience aurait dû éclairer semble peu convaincu à cet égard, je vais le lui démontrer par le raisonnement.

Yvon prend une ardoise sur laquelle il trace les deux figures suivantes.

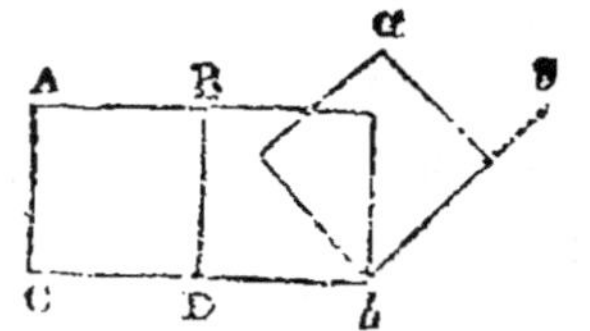

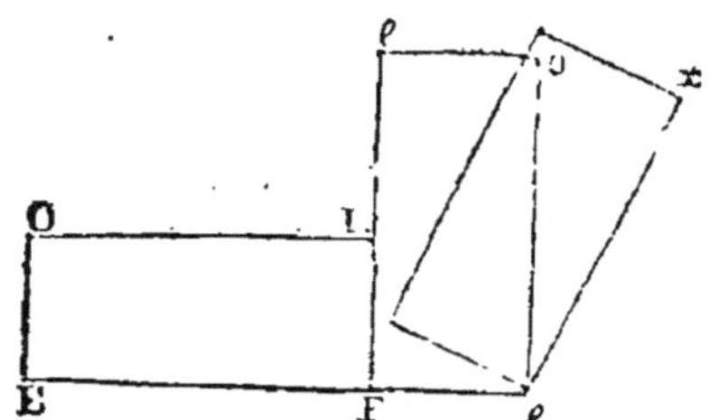

Puis il continue en ces termes.

Voici une raie large O L F E et une raie étroite A B D C. Le soc détache la première en **E F** et la seconde en **C D**. Le versoir de la charrue soulève alors l'une et l'autre et leur donne à chacune la position droite que voici, en faisant pivoter la petite sur l'angle **D** et la grande sur l'angle **F**. Reste encore à les appliquer à droite sur le labour déjà fait. Or, quant à la raie large, il suffit, en la faisant pivoter sur l'angle l, d'amener $o\,l$ en $l\,x$, pour lui faire perdre l'équilibre, et si déjà elle n'est pas appliquée sur la tranche voisine, son propre poids l'y amène. Voyez, au contraire, l'angle bien plus considérable $a\,b\,s$ qu'il faut faire décrire à la raie étroite en la faisant pivoter sur le point b pour l'amener à rester appuyée et serrée sur la voisine. Or, l'angle que j'indique se trouve lui-même en partie occupé par cette tranche voisine, de sorte que le versoir, pour y placer l'autre, doit la presser fortement, si la terre peut se diviser la tranche change de forme, elle s'aplatit en occupant plus d'espace en hauteur : mais si la terre rendue solide par une multitude de radicules résiste à la pression du versoir, une fois qu'il est passé la tranche se redresse, ou même, pour peu que le sol soit en pente, elle retombe dans sa première position. Cet inconvénient inévitable, lorsqu'on laboure à petites raies une terre formant gazon, rend le travail aussi laid et aussi mauvais que pos-

sible. Concluons donc qu'une charrue pou[r]
être bonne doit pouvoir prendre à volont[é]
de larges et de petites raies.

LEBRAS. — Cette vérité m'avait déjà frap[·]
pé tellement qu'il me semblait depuis long-
temps convenable de substituer à nos soc[s]
ronds, des socs plats et plus grands. Un labou[r]
d'ailleurs marche d'autant plus vite qu'on l[e]
fait à plus larges raies ; et dans beaucou[p]
de cas ce labour suffit pour bien ameubli[r]
le sol.

YVON. — Ne reste pas, mon cher Lebras[,]
en si beau chemin : remplace ta charrue elle-
même par un araire dont je dirigerai l[a]
fabrication.

LEBRAS. — Je serais tenté de te prendre
au mot. Une difficulté toutefois me reste
aussi sur le cœur, c'est que te voyant labourer
aussi profondément, je crains qu'on ne puisse
pas empêcher la charrue de piquer toujours
de la même manière.

YVON. — Je t'ai montré tout-à-l'heure
qu'on fixe à volonté l'épaisseur du labour au
moyen du régulateur. Tu peux donc être
sûr de ne prendre avec l'araire qu'une hauteur
de trois pouces si cela te convient. Mais j'ai
peine à comprendre, Lebras, que toi qui
sembles avoir quelques saines notions de
l'agriculture, tu craignes tant de donner

de la profondeur à tes labours. Ne sais-tu pas qu'un sol remué profondément a l'avantage de fournir plus d'espace aux racines qui, au lieu de s'étendre et de se gêner entre elles, s'enfoncent et rendent les tiges beaucoup plus solides.

C'est ainsi que les sols profonds sont susceptibles de porter des récoltes bien plus épaisses que les sols superficiels, et cela sans verser. D'autre part, en temps frais, l'eau descend plus bas dans un sol labouré profondément et regorge moins vite à la surface, tandis qu'en temps sec, cette humidité se retrouve à portée des racines de nos végétaux ; double avantage, qui, corrigeant en partie les défauts du sous-sol, rend les récoltes bien plus sûres et moins dépendantes des circonstances atmosphériques.

Tout cela est si bien apprécié dans plusieurs localités peu éloignées de nous, notamment dans une grande partie du Finistère et des Côtes-du-Nord, qu'on y approfondit presque tous les labours à la bêche derrière la charrue.

LE RECTEUR. — Jugez qu'elle économie résulterait pour les cultivateurs de ces pays de l'emploi de la charrue simple ! par elle ils obtiendraient sans travail d'ouvriers ces cultures énergiques qui sont si avantageuses.

LEGUEN. — Si dans ces pays on a de si

belles récoltes sur des terres ainsi travaillées, c'est qu'elles ont à coup sûr plus de profondeur, que dans celui-ci où chaque fois que nous retournons un peu de ce qu'Yvon nomme sous-sol, on s'en aperçoit facilement à la pauvreté de la récolte suivante.

YVON. — Cette terre qu'on ramène à la surface par un premier labour profond, est, en effet, une terre vierge dépourvue d'humus et qui, mélangée avec celle du sol, en diminue la qualité si on ne la fertilise au moyen d'engrais ; c'est donc par un surcroît de fumure qu'il faut préluder à une augmentation de profondeur dans les labours ; et c'est ce qui a lieu dans les contrées que je désignais tout-à-l'heure, où se retrouvent absolument les mêmes sol et sous-sol qu'ici.

Les terres-d'alluvion riches en humus à une grande profondeur, gagnent à être défoncées, même sans addition d'engrais : car la partie inférieure abondante en sucs nutritifs dont les récoltes n'ont pu encore s'emparer, devient alors elle-même un engrais puissant.

La charrue seule ne peut compléter la culture du sol. Ainsi quand vous avez labouré, vous prenez les rateaux de fer, les pelles, les hoyaux pour terminer l'ouvrage, en dégageant les chiendents, brisant les mottes, enterrant les semences.

Combien vous vous épargneriez de sueurs, mes amis, et souvent de dépenses, par le simple emploi de la herse et du rouleau! Voyez cette herse à dents de fer, qui, attelée de deux chevaux expédie plus de besogne que vingt ouvriers armés de rateaux, et comparez l'ouvrage lent et pénible de ces derniers avec le travail rapide d'un instrument aussi énergique.

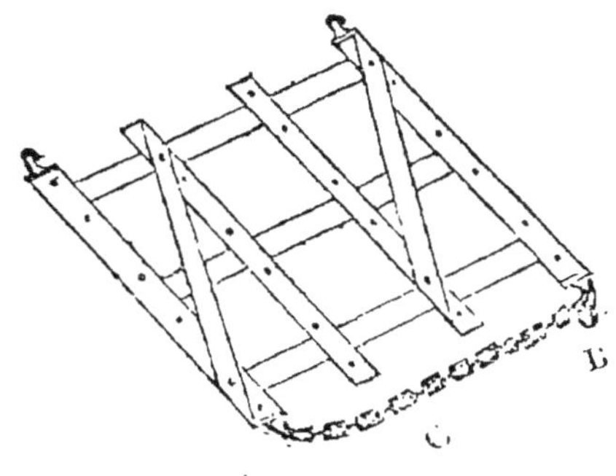

LE RECTEUR. — A coup sûr l'avantage est tout pour la herse.

LEBRAS. — J'en ai vu du côté de Pontivy, mais elles étaient carrées.

YVON. — La forme en lozange est préférable, en ce qu'elle permet de régler la vigueur du hersage. Cette chaîne A C B est faite pour cela. Si vous accrochez la volée d'attelage à une maille rapprochée de l'angle aigu B, moins l'espace travaillé sera large et plus le hersage aura d'énergie. On obtiendra l'effet contraire en rapprochant la volée de l'angle obtus

Cet instrument satisfait aussi à cette condition essentielle pour l'égalité du hersage, que deux ou plusieurs dents ne passent jamais l'une derrière l'autre dans la même ligne. Il convient également très bien pour ramener les chiendents à la surface, ameublir le sol et enterrer fortement la semence.

Du reste le cultivateur doit avoir aussi des herses légères à dents de bois, pour régaler le sol, et pour couvrir les graines fines. Ces herses sont traînées par un seul animal : un homme peut en conduire un grand nombre à la fois en attachant chaque attelage à celui qui le précède.

Dans toute espèce de hersage, plus l'instrument est conduit avec rapidité, plus il heurte avec violence et plus l'ameublissement est parfait. Aussi est-ce avec raison qu'on regarde les chevaux comme préférables aux bœufs dans les hersages. Ce même travail opéré en travers du labour ou d'un premier hersage, ainsi que les hersages en rond, sont les plus parfaits, parce qu'ils frappent la terre en sens nouveau.

LE RECTEUR. — Ce qu'Yvon vient de nous développer sur la herse, ne satisfait pas moins l'esprit et la raison, que ce qu'il nous a expliqué touchant la charrue.

LEBRAS. — Maintenant, mon cher Yvon, peux-tu nous dire à quoi servent ces instruments à plusieurs socs que possède cet anglais établi depuis peu non loin de Dinan ?

YVON. — Ce sont des extirpateurs, ou à proprement parler d'énormes herses dont la marche est régularisée par des roues. Leur largeur les rend plus expéditifs que la charrue qu'ils remplacent utilement dans bien des cas, comme celui d'un second ou d'un troisième labour, par exemple ; mais on ne doit pas les lui substituer entièrement, car ils ne peuvent qu'ameublir et nétoyer le sol, mais non le retourner pour l'exposer aux influences atmosphériques, travail réservé exclusivement à la charrue.

Je vois Leguen qui regarde avec attention cette pièce de bois cylindrique. Il ne se doute pas qu'elle pourrait lui épargner bien de la peine en y adaptant les deux limons que voici.

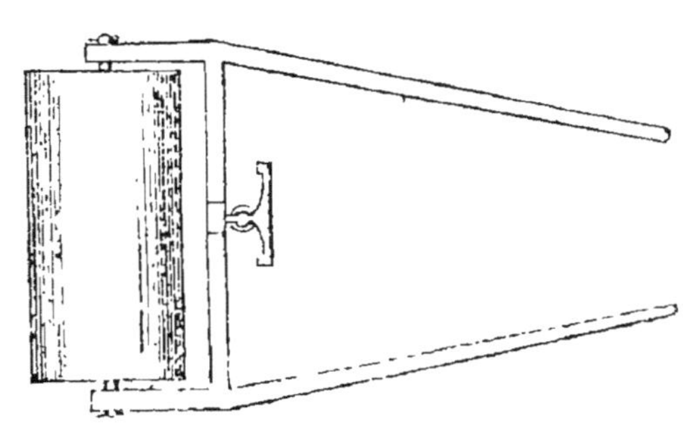

On y attèle un ou, plusieurs chevaux, et ce rouleau en tournant achève l'ouvrage de la herse et pulvérise les mottes. Si par un nouveau hersage on en ramène d'autres à la surface, il les écrase encore. C'est ainsi que, par le travail successif de ces deux instruments, on obtient un ameublissement parfait. Il ne faut, du reste, employer celui-ci qu'en temps sec, car sur un sol frais on forme une croûte nuisible, surtout si le champ est semé.

L'énergie de cet instrument dépend de son diamètre et de sa pesanteur; dans certaines contrées j'en ai vu de pierre, de fonte creuse et même de construits avec des barres de fer. Ces derniers étaient à six pans au lieu d'être ronds et par leurs angles pulvérisaient les mottes les plus dures. L'emploi du rouleau est aussi très avantageux sur les sols trop légers qu'on vient d'ensemencer mais par une cause différente. En les serrant on leur donne une consistance qui les rend plus frais et qui ainsi permet aux plantes de s'y mieux enraciner qu'elles ne feraient sans cela.

LEBRAS. — La disposition du sol en sillons ou billons très étroits, comme nous sommes dans l'usage de les disposer, doit nous rendre ces instruments inutiles.

LEGUEN. — Et cette disposition est pourtant si avantageuse !

YVON. — En quoi, s'il vous plait?

LEGUEN. — Tu diras tout ce que tu voudras, mon cher Yvon; mais l'expérience de nos anciens est là. Il est reconnu de temps immémorial que c'est la meilleure manière de disposer ici le terrain. Indique moi donc, je te prie, comment tu l'égoutterais aussi bien sans cela.

YVON. — Pour bien assainir le sol le plus imperméable, il n'est pas nécessaire de multiplier les raies à chaque espace de trois ou quatre pieds comme vous faites. Elles seraient trois fois moins nombreuses mais bien nettes, qu'elles suffiraient encore. D'ailleurs ne voit-on pas très souvent vos terres mal assainies pour peu que les raies soient mal nétoyées ou qu'elles manquent d'écoulement?

LEBRAS. — C'est un grand travail, en effet, que d'arranger proprement des raies aussi nombreuses.

LEGUEN. — Mais si vous n'en laissez qu'un petit nombre, où trouver la terre qu'il faut pour couvrir les semences sur toute la surface d'un champ?

LE RECTEUR. — Leguen a déjà perdu de vue les herses si expéditives et si commodes.

YVON. — Cette disposition usitée dans tout le pays breton, non seulement n'offre aucun avantage réel, mais présente des inconvénients de plus d'un genre :

Entraves pour l'emploi d'instruments utiles qu'une grande main d'œuvre seule peut remplacer ;

Perte de terrain ;

Exposition des plantes qui couvrent l'ados à la fâcheuse influence du sec et du froid ;

Difficulté et moins de rectitude dans les fauchages ;

Multiplicité infinie d'enrayures qui favorisent la reproduction des mauvaises plantes.

En effet, sous les deux tranches qu'on rejette l'une sur l'autre, en enrayant chaque billon, il reste toujours un certain espace non cultivé où les herbes reparaissent en force. C'est surtout par cette raison jointe à l'absolu défaut de hersages que vos terres sont si souillées.

LE RECTEUR. — De tout cela je n'hésite pas à conclure que le sol doit être divisé en planches assez larges pour que les hersages y soient faciles ; que cette largeur doit être plus ou moins grande en raison de la perméabilité du sous-sol, et qu'à chaque labour les enrayures doivent se trouver dans les raies, de manière à former chaque nouvelle planche de deux moitiés des anciennes.

YVON. — Voilà qui est à merveille.

LE RECTEUR. — Tu vois, mon cher, que je profite de tes lumineuses démonstrations.

YVON. — Vous êtes trop indulgent, M. le Recteur.

Le seul cas où je regarde comme utiles les billons très étroits, c'est celui où le sol végétal déjà très mince ne peut être approfondi, ce qui arrive assez souvent dans les terrains schisteux et granitiques. Quelquefois l'unique moyen de les faire produire, c'est d'accumuler ainsi la terre végétale, afin de lui donner quelqu'épaisseur.

LE RECTEUR. — Si je ne me trompe voici l'instrument avec lequel tu cultives les pommes de terre.

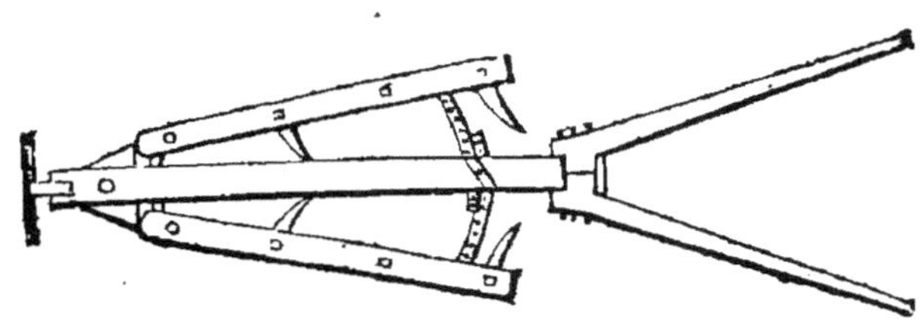

YVON. — C'est la houe à cheval qui au

moyen de ces deux arcs en fer peut s'élargir à volonté. Vous lui voyez aussi un régulateur qui sert à varier la profondeur du travail suivant les besoins, vous m'avez tous vu faire fonctionner cet instrument, et dès lors vous avez pu juger de la rapidité de son service.

LE RECTEUR. — Je défie trente piocheurs d'en faire autant, rien de plus ingénieux non plus que cette charrue à deux versoirs mobiles, dont tu te sers pour butter les pommes de terre.

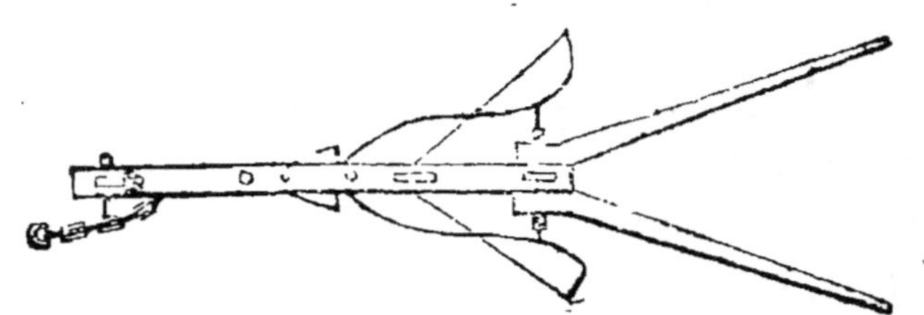

YVON. — Nous reviendrons sur le travail de ces instruments, ainsi que sur celui des machines à semer, en nous occupant des cultures sarclées.

Mais je vois M. le Recteur qui jette sur sa montre un coup d'œil significatif. De peur d'être indiscrets, séparons-nous pour nous réunir encore dimanche prochain, si nos causeries continuent à lui offrir de l'intérêt.

LE RECTEUR. — Sans aucun doute, mon enfant, mais je ne suis pas tellement pressé, que, reprenant mon rôle de sermonneur, je ne fasse justice, avant de vous quitter, de l'objection de Leguen qui consiste à opposer les anciens lorsque ses habitudes se trouvent contrariées. Déjà Yvon a relevé une première fois cet argument si commode avec lequel il convient d'en finir pour toujours.

Yvon avait parfaitement raison de faire observer à Leguen qu'il ne mangerait que des glands, si ses pères n'avaient fait que suivre pas à pas leurs ancêtres. J'ajoute qu'aulieu de cidre, de vin et d'eau-de-vie, il ne boirait que de l'eau, ce qui sans doute ne l'accommoderait pas trop. Et, pour ne pas sortir de notre sujet d'aujourd'hui qui comprend les instruments aratoires, je lui demanderai s'il croit que les enfants de notre premier père ont toujours eu des charrues et des herses ? non sans doute.

Leur premier instrument pour remuer la terre n'était à coup sûr qu'un hoyau grossier formé d'une branche fourchue de bois dur. Après la découverte des métaux, leurs fils ont garni de fer le côté de la fourche qui remuait le sol. D'autres ensuite ont imaginé d'imposer la plus forte part du travail au bœuf : ils ont

allongé le manche du hoyau pour en faire un
âge, et ont adapté au-dessus du fer dont
je viens de parler une sorte de nouveau
manche, qui leur a servi à maintenir l'instrument dans le sol, tandis qu'il était traîné par
des bœufs. Voilà la charrue primitive qu'on a

cherché ensuite à perfectionner pour la rendre
propre aux diverses sortes de terrains. De même
il est très-probable que la première herse n'a
été dans le principe qu'un simple fagot d'é-
pines.

Bien loin de rester stationnaires, nos
pères ont donc cherché à améliorer ce que
les leurs avaient fait. Agissons de même,
soyons bons, francs, simples, modestes, religieux comme ils l'étaient, plus encore si
nous pouvons. Mais ne faisons nulle difficulté
de changer de vieux instruments et de vieilles
routines, si l'industrie moderne a découvert
quelque chose de mieux. Ainsi nous imiterons
vraiment nos ancêtres qui, sans rester en
aveugles sur les traces de leurs pères, ont
adopté, dans les choses nouvelles de leur
temps, tout ce qui leur a paru bon, commode
et profitable.

CHAPITRE QUATRIÈME.

Engrais et Amendements.

LE RECTEUR. — Asseyons-nous près de cette charmante fontaine dont le nom de *Sauzon* rappelle un combat avec les Anglais. Nous y serons fort commodément pour recevoir les utiles préceptes de notre cher Yvon : voyons, quel en sera le sujet aujourd'hui ?

YVON. — Pour procéder par ordre d'importance, M. le Recteur, dans l'examen des diverses parties du capital circulant, nous ne pouvons mieux faire, après avoir étudié le travail et son application au sol, que de nous occuper des engrais ; car, si toute culture est impossible sans travail, dans presque aucun cas elle n'est avantageuse sans engrais.

LEGUEN. — Tu as parfaitement raison ; point d'engrais point de récolte.

YVON. — En exceptant, toutefois, les sols d'alluvion dans lesquels , ainsi que je vous l'ai dit en parlant des labours profonds, il suffit, pour rendre de l'humus à la couche arable, de ramener à la surface une partie du sous-sol qui devient alors engrais.

Les matières végétales ou animales sont toutes propres à servir d'engrais, car toutes produisent l'humus qui n'est autre chose que le résultat de leur décomposition. Les matières animales donnent l'humus le plus propre à décomposer à son tour et à nourrir nos végétaux ; c'est ainsi que le sang, la chair, les os pilés, la poudrette, la fiente de volailles, la corne, le noir résidu de la fabrication du sucre, tous engrais les plus abondants en matières animales, sont si actifs sous un petit volume.

Je crois vous avoir dit en parlant du sol, que l'air joue un grand rôle dans la formation et la décomposition de l'humus. C'est une action qui tend toujours à convertir plus ou moins vite, suivant sa nature, toute substance décomposable en substances nouvelles, appropriées aux besoins de la végétation.

Cette action de l'air sur la décomposition des engrais dans le sol, explique pourquoi ces mêmes engrais demandent à être divisés le plus possible, et enterrés le moins possible, ou même à ne l'être pas du tout : car il est certain que leur effet n'est jamais plus favorable, que lorsqu'ils sont appliqués aux plantes en végétation.

LEBRAS. — En effet, je l'ai souvent moi-même observé.

YVON. — Dans les sols légers très-perméables à l'air, où la décomposition des engrais est rapide, au point qu'ils ne suffisent pas à nourrir les plantes pendant toute leur végétation, ces fumures superficielles sont très-avantageuses, attendu qu'on en peut retarder l'application, jusqu'au moment où la plante talle et forme sa tige, instant critique, puisque si alors elle vient à manquer d'aliment, elle dépérit d'autant plus vite qu'elle avait été mieux nourrie dans le principe.

Par suite de cette facilité qu'ont les sols légers à perdre l'humus en peu de temps, les engrais facilement décomposables comme le fumier de cheval, de mouton, leur conviennent moins que les engrais un peu compacts tels que le fumier des bêtes à cornes ; en revanche les plus chauds sont préférables pour les sols argileux et tenaces, où les décompositions sont trop lentes, à raison de la difficulté qu'a l'air pour y pénétrer.

LEGUEN. — Aussi, ai-je toujours soin de mettre sur les terrains chauds et légers mon fumier de vache, et de réserver celui de cheval pour les terres fortes.

YVON. — On ne peut qu'applaudir à une

telle attention. Mais comment sont arrangés ces fumiers? tu les laisses, mon cher Leguen, s'accumuler six mois, un an dans les écuries où cette masse en fermentation entretient, l'été surtout, une chaleur insupportable. Quelque trou de muraille ou simplement la porte laisse échapper, presque toujours en pure perte, un écoulement des parties les plus solubles et les plus fertilisantes.

Avec un peu de soin il serait cependant si facile de faire beaucoup mieux ; il suffirait d'imiter nos voisins de Tréguier, de S.ᵗ-Brieuc, d'une grande partie du Finistère et du Morbihan. D'abord ces cultivateurs attentifs nettoient leurs étables beaucoup plus souvent que nous ; en second lieu, ils disposent leur fumier en tas carrés par couches, qu'ils alternent avec des lits de gazon, d'herbes ou de genêts foulés. Ces tas qu'on termine en les recouvrant de gazon, ne sont ouverts que lorsque le tout est bien pourri. Les divers fumiers ainsi mélangés forment un très-bon engrais applicable à tous les sols?

LEBRAS. — Ne sont-ce pas ces tas qu'on remarque dans les champs du côté de Vannes, et qui sont couverts de citrouilles?

YVON. — Justement, on obtient ainsi un produit de ces sortes de couches.

Vous voyez, mes amis, que je ne vais pas chercher loin les exemples à imiter; efforçons-nous d'en faire profit.

Nous avons reconnu que l'action de l'air est indispensable à la transformation des engrais en humus dans le sol, et de l'humus en subs-tances alimentaires pour nos végétaux. Cette même action est au contraire très-nuisible au fumier qui se fait; toujours elle développe dans les tas une fermentation ardente qui ré-duit en vapeurs ou substances volatiles les portions les plus fertilisantes; le reste devenu blanc ne conserve que peu de vertu.

Afin de prévenir cette fermentation de mauvaise nature, il est très-important de ré-pandre le fumier sur le tas d'une manière égale pour n'y laisser aucun vide. Il faut même ar-roser de temps à autre, si on n'alterne pas les lits avec des terres et gazons, dont le poids ôte à l'air l'accès des tas, et qui de plus ab-sorbent tout gaz fertilisant. Vous le savez, mes amis, c'est ce que je fais : pour cela, je me sers de l'eau même qui, suintant du bas du fumier, arrive dans la fosse aux urines de mes bestiaux. Le tas une fois parvenu à la hauteur de quatre à cinq pieds environ, je le couvre de gazon; ensuite lorsque le temps ar-rive de le mener sur mes terres, le fumier est onctueux avec une faible odeur de musc et une couleur jaune passant à la couleur noire au contact de l'atmosphère, signe auquel on reconnaît toujours qu'il est de bonne qualité.

LE RECTEUR. — Tout cela est on ne peut mieux entendu. Je vois aussi que les alentours de ton habitation sont couverts de genêts et d'ajoncs ; en cela tu te conformes à nos usages.

YVON. — Ainsi rien n'est perdu, M. le Recteur ; je coupe ces genêts dans la grande lande : lorsqu'ils sont bien foulés, aulieu de les transporter de suite sur les champs où leur effet serait long à se produire, je les mélange avec mon fumier dont ils prennent les vertus actives.

Le fumier mené d'un tas sur le champ demande à être répandu immédiatement, car la fermentation de mauvaise nature s'établit promptement dans les fumerons, et l'engrais perd de sa vertu. Quant au labour d'enfouissage, on peut le retarder, si la pente du sol ou son rabattage à la surface, ne donne pas lieu de craindre, en cas de grosses pluies, qu'une partie des sucs fertilisants ne soit entraînée dehors.

Avec un troupeau de bêtes à laine, rien de plus convenable souvent pour fumer des terres d'un abord difficile que d'employer le parcage. Ce procédé consiste à enfermer les moutons la nuit et aux heures de repos de la journée, dans un espace environné de claies qu'on déplace chaque jour, et dont on peut augmenter ou diminuer le nombre, de manière à concentrer la fumure sur un plus ou moins grand espace: cet engrais composé seulement de déjections animales d'une décomposition fort prompte, n'a guères de grands effets que pendant un an; plus que tout autre fumier il doit être enterré superficiellement.

LE RECTEUR. — Il me semble qu'un cultivateur soigneux ne doit pas non plus laisser perdre la fiente de ses volailles pour peu qu'elles soient nombreuses. Car semé à la volée sur les champs en végétation, cet engrais est des plus efficaces.

YVON. — Et même trop actif, M. le recteur, si on l'appliquait en grande abondance.

D'autres engrais du même genre, qu'il est très-avantageux de se procurer quand on le peut, ce sont les chiffons de laine, la poudrette, le résidu des sucreries et le noir animalisé, dont on fait un grand usage dans le département de la Loire-Inférieure. Du reste, il y a lieu de gémir, en voyant perdre dans nos campagnes un engrais beaucoup plus actif et plus riche que tous ceux-là, je veux parler de la matière animale proprement dite, du sang, des os, de la chair des bêtes jetées à la voierie..... Ah! ah! il n'est pas jusqu'à M. le recteur qui ne rie de mes regrets à cet égard !

LE RECTEUR. — C'est de voir Leguen se boucher le nez d'avance, quant à moi, mon cher, j'approuve de tous points tes idées là-dessus. Le soin que tu mets à recueillir les corps morts et équarris, te procure l'engrais le plus puissant, en dépit de préjugés qui disparaîtraient, une première répugnance une fois surmontée.

Puisque ceci m'y fait songer, je vous communiquerai une brochure écrite [1] par un savant ami de l'art agricole, et vous verrez qu'il va sur cette matière bien autrement loin qu'Yvon.

LEBRAS. — Conseillerait-il par hasard d'en faire du bœuf à la mode ?

LEGUEN. — Oh! si la charrue d'Yvon peut jamais remplacer la nôtre, du moins le régal dont il s'agit ne nous fera renoncer ni

---

(1) Notice de M Payen sur les moyens d'utiliser toutes les parties des animaux morts dans les campagnes ; ouvrage couronné par la Société royale et centrale en 1833.

à la bouillie d'avoine, ni à nos galettes de blé noir ! mais y songez-vous, M. le recteur, il faudrait une bouteille de Bordeaux pour faire passer la moindre bouchée d'un pareil ragoût !

LE RECTEUR. — Peut-être à cette condition pourrais-tu te résigner, n'est-ce pas? du reste, mes amis, je n'impose rien ; je vous laisserai juges après la lecture ; maintenant parlons des engrais marins dont nous n'avons encore rien dit.

LEGUEN. — Bravo pour ceux-là, M. le recteur, ils ont bien aussi quelquefois une assez forte odeur; mais c'est du bon, du commode ; pourquoi sommes-nous si loin de la côte !

YVON. — Les engrais produits par la mer sont en effet d'une immense ressource pour les cultivateurs riverains ; les algues, varecs et autres plantes connues le long des côtes sous le nom vulgaire de goëmons, que des milliers de petits bateaux vont recueillir à marée-basse sur les rochers, aux époques et de la manière fixées par des réglements de police, tiennent un peu de la nature animale et sont en même temps remplis de sels, ce qui en fait un engrais des plus actifs. L'expérience a reconnu qu'il ne faut les employer qu'un certain temps après leur extraction ; le mieux c'est de les mélanger par lits avec du fumier d'étable, avec des gazons, ou au moins avec de la terre, en formant des tas carrés qu'on arrose, comme le fumier ordinaire, des eaux chargées de sels qui s'en écoulent.

LE RECTEUR. — J'avais déjà ouï dire, en effet, que ces goëmons répandus sur les champs aussitôt après leur sortie de la mer, étaient nuisibles, cela vient sans doute du sel qu'ils contiennent.

YVON. — On le croit généralement, pour moi j'attribue ce mauvais effet à d'autres causes, parce que j'ai remarqué que toute matière sortant de l'eau douce comme de l'eau salée, nuit également si on l'emploie trop tôt; c'est ainsi que la vase des étangs et ruisseaux est tout comme celle de mer un excellent engrais, mais seulement lorsqu'elle a passé quelques mois en tas, au contact de l'air dont l'action consiste probablement à détruire quelque principe acide nuisible à la végétation.

Vous avez vu souvent, mes amis, du côté de Saint-Malo, Dinan, Saint-Brieuc, les cultures admirables qu'on se procure au moyen de cette vase qu'on va chercher à marée basse sur certaines plages.

LE RECTEUR. — Et combien n'a-t-on pas lieu de s'étonner que dans mon pays, aux environs de Vannes, sur toute la côte du Morbihan et une grande partie de celle du Finistère, on néglige entièrement cette vase avec laquelle l'industrieux habitant des Côtes-du-Nord fertilise jusqu'à des rochers.

YVON. — L'humus accumulé de temps immémorial dans certains fonds est aussi un excellent engrais.

LEBRAS. — Comme au marais desséché de Saint-Julien n'est-ce pas ?

YVON. — Justement, nous en avons je crois déjà parlé.

Enfin, mes amis, une dernière sorte d'engrais consiste en récoltes enfouies au moment de la fleur, époque à laquelle la plupart des plantes n'ont pas encore épuisé le sol. Je me souviendrai longtemps de l'indignation que souleva parmi vous mon premier enfouissage de sarrazin.

LE RECTEUR. — Combien j'eus de peine alors à calmer les esprits et à leur faire comprendre que sacrifier une récolte pour en obtenir de plus belles ensuite, c'est une opération tout-à-fait analogue à celle des semailles, par laquelle on livre au sol tant d'hectolitres de grains pour en obtenir plus tard dix, quinze, vingt fois davantage. Depuis on a pu constater les bons effets de ces enfouissages faits par Yvon.

LEBRAS. — En effet, principalement dans les champs trop chauds, ce procédé parait meilleur que l'emploi du fumier lui-même.

YVON. — C'est que les engrais végétaux, par leur faculté de se décomposer moins vite que les engrais animaux, conviennent beaucoup aux terrains légers. Ces engrais, du reste, agissent en raison de la beauté et de la grandeur des plantes enfouies, et l'on ne doit attendre d'effet sensible que d'un enfouissage abondant; d'où je conclus que, pour appliquer ce procédé sur une terre, il faut qu'elle ait déjà un commencement de fertilité capable d'amener à bien l'engrais végétal. Les plantes à semer pour cet objet sont celles dont le grain coûte peu, et qui, au moyen de leurs feuilles larges et touffues, tirent de l'athmosphère de copieux aliments; aucune dans nos contrées ne remplit mieux ces conditions que le sarrazin.

Les divers engrais dont nous venons de parler améliorent le sol, surtout en y augmentant la quantité d'humus. Il est un autre genre de substances désignées sous le nom d'amendements, lesquelles par une action chimique ou mécanique, ou bien par ces deux

actions réunies, aident les plantes à s'approprier plus facilement l'humus qui est à leur
portée, sans toutefois ajouter au sol de suc
réellement nourricier.

Toute terre dont la composition n'est point
parfaite, est amendée par l'addition de la
substance qu'elle ne contient pas, ou qu'elle
ne contient qu'en proportion insuffisante.
Ainsi la silice sera amendement pour les
terrains qu'un excès d'argile rend trop compacts, trop humides et trop impénétrables à
l'air. L'argile le devient à son tour pour le sol
que la silice ou le calcaire trop abondants
rendent sec et brûlant ; enfin le calcaire est
amendement pour les sols qui n'en contiennent pas. La silice et l'argile considérés
comme amendements, agissent d'une manière
purement mécanique, l'une en ameublissant,
l'autre en donnant de la consistance. Mais je
crois vous avoir dit précédemment que le
calcaire réunit à l'action mécanique de diviser
une action chimique très-avantageuse, par
laquelle l'humus est plus facilement approprié
au besoin des plantes utiles.

Le calcaire à peu près pur, n'existe guères
qu'à l'état de pierres souvent fort dures qu'il
serait très-coûteux de pulvériser, afin de s'en
servir en suite comme d'amendements ; mais
mélangé avec de l'argile en diverses propor-

tions, le calcaire constitue les marnes ; celles-ci varient beaucoup de couleur et d'aspect ; il en est de pierreuses, de schisteuses, de terreuses, de rouges, de blanches, de noires, de vertes ; toutes ont pour caractère commun de se déliter au contact de l'athmosphère, et de bouillonner lorsqu'on verse dessus un acide, du vinaigre fort, par exemple. Les marnes les plus calcaires sont les plus avantageuses sur les terrains très-argileux ; en revanche une marne fortement argileuse qui n'améliorerait que peu ces terrains, convient bien aux sols légers et sabloneux.

LEBRAS. — Sans doute, car alors l'argile devient elle-même amendement.

LE RECTEUR. — Sur la côte vers Tréguier, Paimpol, Morlaix, on donne le nom de marne à une substance tirée de la mer, qui doit en effet agir dans le sol comme la marne ; c'est un sable composé uniquement de coquillages et de coraux, dont beaucoup s'enveloppent d'un sédiment calcaire.

YVON. — En effet, M. le recteur, ces débris sont entièrement calcaires ; mais comme ils sont en outre mélangés de quelques matières animales fortement imprégnées de sels, ils agissent bien plus puissamment que la marne terrestre ; j'en dis autant des coquilles d'huitres, qu'un cultivateur ne doit jamais négliger, lorsqu'il est à même de s'en procurer.

LE RECTEUR. — Puisque ces divers amendements agissent seulement en aidant les plantes à se nourrir, mais sans leur fournir pour cela d'aliment, leur emploi ne doit point exclure celui des engrais qui seuls réparent l'épuisement du sol.

YVON. — Assurément, et c'est une faute très-grave que de se laisser éblouir par le premier effet des amendements, sans s'inquiéter ensuite de la fumure des terres ; on arrive bientôt de la sorte au résultat le plus déplorable, à un épuisement complet. Afin de l'éviter, un cultivateur prévoyant se sert de cette force végétative produite par les amendements pour se procurer de temps en temps des récoltes fourragères, et par là même de plus abondants engrais.

Des amendements dont l'action sur l'humus est absolument la même que celle du calcaire, mais beaucoup plus énergique encore, ce sont la chaux et la cendre.

La chaux vive n'est autre chose que le calcaire dépouillé d'une de ses parties constituantes par une forte calcination, et amené à l'état alcalin. Elle décompose toute espèce d'humus, même celui de mauvaise nature qui résiste le plus aux suçoirs de nos végétaux. C'est principalement sur les sols qui contiennent une grande quantité de ce dernier, comme certaines landes beaucoup de gazons rompus, entre autres ceux couverts de joncs, que l'emploi de la chaux est avantageux ; de la sorte on fertilise un humus qui autrement resterait inerte.

Sur les terres arables ordinaires qui ne sont pas de mauvaise nature, on peut aussi employer la chaux, mais seulement dans le cas où l'humus est abondant, et lorsqu'on a le moyen de réparer par des engrais l'épuisement qui doit suivre. Malheur au cultivateur avide qui, sur chaulage et sans fumier, exige de la terre grains sur grains, sans aucun fourrage. En peu d'années son champ sera réduit à un état d'infertilité déplorable.

La chaux a une action efficace sur l'argile qu'elle divise en en formant une sorte de marne. En revanche son effet sur la silice est plutôt nuisible, parce que ces deux substances se liant ensemble, forment dans le sol un mortier dur et stérile.

LEBRAS. — De tout, ce que tu viens de dire, Yvon, je conclus que la chaux est principalement avantageuse aux sols très-abondants en humus difficile à décomposer ; que, dans tout autre cas, l'emploi doit en être précédé ou suivi de fumures, et qu'enfin elle est décidément nuisible aux terrains pauvres ou très-abondants en silice.

LEGUEN. — Comment, Lebras, tu parles aussi bien qu'Yvon ! tout cela serait bel et bon si la chaux et la marne se trouvaient ici, mais.....

YVON. — J'avoue qu'il ne faut guères songer aux marnes; car, bien qu'il ne soit pas impossible d'en trouver, cela est au moins fort douteux, et sous un petit volume son effet est trop peu sensible pour qu'il y ait avantage à l'aller chercher au loin. Mais les quantités de chaux à employer variant seulement de mille à deux mille kilogrammes par hectare, vous pourriez, je crois, mes amis, vous en servir utilement pour aider à la décomposition de l'humus insoluble dans beaucoup de défrichements.

Voici en général de quelle manière on s'y prend : on répartit la chaux en petits tas qu'on couvre de terre; lorsque les deux substances sont mélangées et en quelque sorte combinées ensemble, on répand le tas à la pelle sur toute la surface du champ qu'on herse fortement, afin de diviser et mêler la chaux dans le sol. Ce soin doit suivre toujours l'appli-

cation de tout espèce d'engrais et d'amendement terreux, et c'est ainsi qu'on procède au
chaulage dans le département de la Mayenne
où il est fort usité.

Beaucoup de cultivateurs de cette contrée
se servent aussi de la chaux pour obtenir
rapidement la décomposition des chiendents
et autres matières végétales, qu'à cet effet ils
mettent en tas par lit, alternant avec des lits
de chaux, ce qui forme au bout d'un certain
temps un fort bon engrais.

Les cendres agissent absolument de la même
manière que la chaux; de plus, elles semblent
favoriser particulièrement la végétation des
trèfles et du sarrazin. Pour ce dernier on se
sert beaucoup dans le Morbihan et la Loire-
Inférieure, de *charrée* amenée dans les ports
par les bateaux et même par les navires. La
charrée, comme vous savez, n'est autre chose
que la cendre du foyer lessivée, laquelle,
malgré la perte de ses parties les plus solubles
et les plus alcalines, conserve encore des
propriétés très-actives.

Un moyen simple de se procurer de la
cendre, c'est de brûler une portion de l'humus
et toutes les parties végétales mortes ou
vivantes qui se trouvent à la surface du sol;
cela s'appelle écobuer.

LE RECTEUR. — J'ai entendu blâmer

cette opération par beaucoup de personnes, et je serais assez de leur avis, attendu que, pour obtenir un peu de cendre, on détruit une grande quantité d'humus.

YVON. — Lorsque l'humus est de bonne nature, c'est certainement folie de le brûler, tout autant que de changer cent francs contre cent sous. Ainsi je n'approuve pas les cultivateurs des environs de Morlaix qui écobuent le chaume de toutes leurs céréales qu'ils font à cet effet couper très-haut.

En revanche, lorsqu'un humus de mauvaise nature abonde dans le sol, comme il arrive souvent pour les landes, il est avantageux de brûler une certaine quantité de cet humus pour se procurer des cendres qui fertilisent une portion du reste. Si ensuite, au lieu de faire servir cette fertilité peu durable, à des récoltes de grains, on l'emploie pour des cultures fourragères sources d'engrais, et qu'on reporte ces engrais sur les terres écobuées, il y aura certainement grande amélioration.

LE RECTEUR. — La distinction que tu viens d'établir est très-rationnelle. C'est ainsi qu'une chose mauvaise dans un cas peut être bonne dans un autre. Je ne dois donc pas condamner la méthode usitée dans ce pays d'écobuer de temps à autre les landes dont on pèle la superficie, pour y mettre le feu dans les sécheresses ; chose facile, parce qu'on a soin de réunir les gazons en petits tas dont l'intérieur a été garni de fougères, bruyères et autres plantes qui peuplaient la lande.

LEBRAS. — Ah ! mon Dieu !

LE RECTEUR.—Qu'as-tu donc, Lebras ?

LEBRAS.—Tenez, M. le recteur, voyez ce trèfle au - dessous de nous, depuis long-temps il fixe mon attention par quelque chose de singulier, et , maintenant qu'il est bien éclairé, j'y aperçois comme des lettres figurées par une suite de tiges beaucoup plus fortes que tout ce qui couvre le reste de la pièce.

LEGUEN. — Oui, je distingue très-bien ce que tu dis , Lebras, ce champ est à Yvon ; c'est encore quelque tour de sa sorcellerie. C'est un démon que cet homme là !

LE RECTEUR.—Dis plutôt un bon ange, Leguen. Si tu savais lire, tu verrais comme moi tracés dans ce champ les mots : *Voilà l'effet du plâtre.* Cette substance est un stimulant si merveilleux pour les prairies artificielles de cette espèce, qu'en le semant en forme de lettres , au lieu de le répandre au hasard, on rend, par la force de la végétation, ces caractères visibles au milieu de tout le reste.

Yvon a reproduit ici, pour notre enseigne-
ent, ce qu'a fait dans le siècle dernier, en
mérique, un grand ami de l'humanité pour
clairer ses compatriotes sur l'excellence du
lâtre.

YVON. — En effet j'ai renouvelé dans
e champ l'expérience de Franklin avec
'autant plus de soin, que plusieurs per-
onnes doutent de l'action du plâtre en
retagne par suite d'essais manqués chez
les. J'avais observé dans l'est et dans
· nord ses admirables effets, de sorte qu'en
employant ici j'étais presque certain du suc-
és. Cependant la manière dont il agit étant
ncore ·peu connue, on peut croire que son
ction est nulle dans certains sols ; dès lors
· conseille, avant d'en faire usage en grand,
e l'essayer en petit, chacun dans sa localité.
Une fois la preuve acquise des bienfaits du
lâtre, il y aurait aveuglement à ne pas s'en
ervir; car cette substance qui ne demande qu'à
tre répandue au printemps sur le trèffle et
es autres prairies artificielles, à raison de
leux hectolitres de poudre par hectare, en
louble et en triple souvent le produit. Les
écoltes suivactes en profitent aussi, non
qu'il agisse encore, mais parce que la prairie
orte et touffue a laissé dans le sol par ses
détritus un véritable engrais.

Je crois , M. le recteur , que la matière est épuisée pour aujourd'hui.

LE RECTEUR.—Eh! bien, mes enfants, je vous quitte, non sans demander à Dieu, du fond de mon âme, que les exemples que donne Yvon , et les solides enseignements qu'il y ajoute, ne soient pas perdus pour notre pays!

CHAPITRE CINQUIÈME.

Des Assolements.

LE RECTEUR.—J'ai quelque peu tardé à vous joindre, mes enfants, parce qu'ayant affaire au manoir du *Tromeur*, il m'a fallu prendre un assez grand détour.

En sortant de ce manoir, une chose m'a frappé : vous connaissez l'avenue de jeunes châtaigniers qui le précède ; tous ces arbres ont été plantés le même jour et de la même manière; cependant ceux de droite sont toujours restés languissants, tandis que ceux de gauche se font remarquer par leur vigueur :

pourrais-tu, mon cher Yvon, nous expliquer la cause de cette différence?

YVON. — Oui, M. le recteur, et ce que je vous en dirai sera l'introduction toute naturelle aux assolements dont j'ai à vous parler aujourd'hui.

Je me souviens d'avoir vu dans mon enfance cette même avenue du *Tromeur* garnie de fort gros arbres. Par une singularité peu ordinaire, les deux lignes étaient d'espèces différentes; à droite se trouvaient déjà des châtaigniers, mais des hêtres formaient le côté gauche. Les nouveaux châtaigniers ont dû nécessairement languir là où les vieux avaient existé, tandis qu'on voit prospérer ceux qui ont succédé aux hêtres. En effet, le sol se fatigue, s'épuise, mais seulement pour le végétal qu'il a porté un certain temps; ce qui vient sans doute de ce que les plantes n'aiment pas à se nourrir des sucs résultant de leurs sécrétions, de leurs propres débris; car ce même sol reste plein de sève et de vigueur pour des plantes d'autre sorte.

Dans l'état de nature, il est de certaines lois d'après lesquelles le sol change spontanément ses productions de temps à autre. Ainsi, telle forêt autrefois composée de chênes, n'est aujourd'hui peuplée que de trembles, de hêtres, d'érables, qui plus tard disparaîtront eux-

6

mêmes pour faire place à d'autres essences.

Vous avez pu remarquer aussi que, dans les prairies, telle plante qui abondait le plus, disparaît tout-à-coup, pour être remplacée par d'autres auxquelles plus tard elle reviendra succéder.

LE RECTEUR.—Quelles sont admirables ces lois imposées aux végétaux par le créateur ! ne semble-t-il pas leur avoir dit : « Vous
» vous nourrirez par vos racines des sucs
» abondants que j'ai répandus dans le sol ;
» par vos feuilles des principes de vie dont
» l'air est également rempli ; et cette seconde
» nourriture sera plus copieuse que la pre-
» mière, afin que, quand vous mourrez, vos
» débris compensent et au-delà ce que votre
» subsistance aura coûté au sol. Lorsque ,
» malgré les précautions de ma sagesse,
» l'homme aura épuisé la terre jusqu'à lui
» ôter toute sa fertilité, vous reparaîtrez,
» humbles plantes, et vos tiges, en pourris-
» sant, lui rendront peu à peu la fécondité. »

YVON. — La chose est arrivée , M. le recteur , comme Dieu l'avait prévu.

L'homme, après avoir détruit la fertilité de la terre, laissa en friches une partie des champs qu'il cultivait , et introduisit dans sa culture ce qu'on appelle improprement le repos ; c'est

ainsi que dans presque tout le pays breton,
après un certain nombre de récoltes, on a
deux, trois, quatre ans de repos ou pâturage ;
mais à vrai dire, la terre ne se repose jamais,
elle produit toujours ; seulement ses productions spontanées tendent constamment à l'améliorer, à lui rendre de nouvelles forces, ainsi
que vous venez de le faire dire à Dieu dans
sa bonté.

On ne saurait contester, mes amis, qu'il
n'y ait quelque chose de rationnel dans ces
assolements ou cessation de culture avec
repos, c'est-à-dire avec pâturage. Les terres,
lasses de donner des grains, sont, en revanche,
très-propres à produire de l'herbe, beaucoup
plus même que de vieux gazons plus riches,
mais usés. Ainsi, ces champs en repos, sans
rien coûter, fournissent au bétail une pâture
abondante, d'où résulte une certaine quantité
d'engrais qui, jointe à l'amélioration provenant
du repos, suffit pour entretenir les champs
à peu près dans le même état de fertilité.
J'ajoute que le sarrazin qui entre comme partie
considérable dans notre nourriture, réussit
fort bien sur le défrichement du pâturage, et
dispose on ne saurait mieux, le sol aux cultures subséquentes.

LEBRAS. — Ainsi, tu applaudis à notre
manière de cultiver ?

YVON. — Quoique digne d'intérêt sous le point de vue que je viens d'indiquer, ce n'est pas encore la perfection ; je pense que vous en tomberez d'accord, après un mot de développement.

De ce fait que tout sol abandonné à lui-même s'améliore, des observateurs attentifs soupçonnèrent qu'il était possible d'aider cette heureuse disposition, en favorisant par la culture la production des plantes qui ont la faculté de tirer de l'air beaucoup plus d'aliments que du sol : ils y semèrent du trèfle dans la dernière céréale de l'assolement, et le laissèrent subsister autant d'années que durait le repos.

LEBRAS. — C'est ce que je fais, et j'ai un produit bien plus abondant de mes pâturages.

YVON. — Voilà déjà une amélioration ; mais elle serait beaucoup plus importante si, au lieu de placer le trèfle à la fin de la rotation dans une terre sale et épuisée, tu en intercalais la culture entre celles des grains, si tu le semais, par exemple, dans le blé qui suit ton sarrazin ou dans le sarrazin lui-même.

LEBRAS. — Je crois qu'en effet le produit du trèfle serait plus abondant.

YVON. — Et celui de la récolte suivante le serait aussi ; car les plantes améliorantes le sont toujours , en raison de leur beauté et de leur abondance.

LE RECTEUR. — J'ai ouï parler de ces heureux effets d'un beau trèfle à des cultivateurs des environs de Dinan.

YVON. — Voyez donc, mes amis, quels avantages résulteraient pour vous de remplacer les années de repos par des cultures améliorantes entremêlées parmi vos récoltes de grains. Au lieu d'une simple pâture, vous auriez de belles coupes de fourrages , et vos céréales, alternant ainsi avec des plantes d'autres sortes, n'en viendraient que mieux, d'après le principe établi tout-à-l'heure, que la terre se lasse du retour des végétaux de même espèce. Ayant plus de fourrages et de paille , vous auriez plus de fumier, d'où résulterait l'amélioration du sol et une augmentation constante de produits.

LE RECTEUR. — Tout cela me semble parfaitement vrai; je crois que des successions de ce genre existent à S.ᵗ-Brieuc, pays très-renommé par la richesse et l'abondance de ses produits. Mais à quel caractère distingue-t-on les plantes améliorantes de celles qui épuisent le sol ?

YVON. — Aux feuilles larges et touffues dont le créateur les a pourvues , afin qu'elles eussent de nombreux suçoires aériens : tels sont les trèfles, le sarrazin, la luzerne, le sainfoin. L'expérience, du reste, a démontré que le sol n'est appauvri que pour la formation de la graine, et que cet épuisement, ou plutôt cette ascension des sucs de l'humus dans les parties hautes des plantes, ne commence, en général, qu'au moment de la fleur. D'où vous tirerez avec moi cette conséquence, qu'une récolte épuisante ne l'est plus lorsqu'on la coupe au moment de la floraison.

Il est cependant des végétaux qui élaborent à l'avance ces sucs destinés à nourrir le grain, et cela dans des réservoirs souterrains ou placés sur le sol. Telles sont les plantes à tubercules, comme la pomme de terre ; celles à racines, comme le navet ; celles à ognons ; enfin, les plantes à pommes, comme le choux et la laitue. Enlevez ces tubercules, ces racines, ces ognons, ces pommes que j'ai nommés réservoirs, et vous épuiserez le sol. Mais aussi, d'autre part, cet inconvénient se trouve le plus souvent compensé par l'amélioration qui résulte des sarclages et cultures indispensables. De plus, on obtient de la sorte pour le bétail une énorme masse d'aliments de la meilleure nature ; et de là, nouveaux engrais et nouvelle amélioration. C'est ainsi que les cultures racines, quoiqu'épuisant le sol, sont en résultat améliorantes.

Reconnaissant, d'après ce que nous venons d'établir, la supériorité d'une succession de cultures améliorantes et épuisantes, le simple bon sens indique ensuite à quelle sorte de ces cultures doivent s'appliquer les engrais.

LEBRAS. — Ce doit être aux plantes améliorantes, c'est-à-dire aux récoltes fourragères de tous genres ; car elles donneront de beaucoup plus abondants produits, et les cultures épuisantes de grains retrouveront encore dans leur intégrité ces sucs nourriciers que les premières auront ou épargnés ou augmentés.

YVON. — C'est on ne peut mieux répondre. Remarquez encore cet autre avantage de l'application des engrais aux cultures de racines et de fourrages : toutes les semences d'herbes parasites apportées par le fumier lèvent alors et produisent des plantes qui sont ou détruites par les sarclages ou fauchées en fleurs avant d'avoir donné graine, comme il arrive lorsque le fumier est appliqué aux récoltes de céréales.

LE RECTEUR. — Sans doute. Dans ce dernier cas, et bien plus encore lorsqu'on fait suivre immédiatement une seconde récolte de grains, la souillure du sol est si grande, qu'on est forcé de consacrer une année entière de jachère à la destruction des mauvaises plantes. Ce système de culture forme l'assolement de trois ans, nommé pour cela triennal, dont les ouvrages agronomiques parlent beaucoup.

YVON. — En effet, M. le recteur, quoiqu'heureusement inconnu dans notre chère Bretagne, il est fort répandu en France.

Les écrits dont vous parlez lui reprochent, j'en suis sûr, et c'est je crois avec raison, de ne fournir au bétail qu'une nourriture insuffisante et pas assez d'engrais à la terre qu'il souille, comme vous venez de le dire, par deux cultures consécutives de grains.

LEBRAS. — Nous avons bien aussi de ces cultures consécutives, mais du moins nous ne perdons pas l'année de jachère.

YVON. — C'est cela même.

J'ai expliqué tout-à-l'heure, comment on doit éviter de faire succéder une céréale à une autre céréale, et je continue ce qui concerne les assolements alternes.

Un point fort important, afin de tenir constamment le sol purgé de mauvaises herbes sans le secours de la jachère, c'est de ne semer de plantes fourragères que sur des champs déjà passablement nets, afin que la prairie artificielle puisse toujours dominer les herbes vivaces, chiendents et autres. Pour arriver à ce point, mes amis, il importe de profiter des intervalles souvent très-courts qui séparent chaque culture, pour faire agir la charrue et la herse. Si à ce soin on ajoute celui de répéter de temps en temps les cultures de racines sarclées, par exemple au commencement de chaque rotation, on obtient avec les assolements alternes des terres entièrement nettes de mauvaises herbes.

LE RECTEUR. — Tu me rappelles, en effet, que les environs de Saint-Brieuc, soumis à des assolements de ce genre, sont toujours aussi bien nétoyés que les jardins les mieux tenus.

YVON. — Pour nous résumer, voici les avantages qui résultent d'une culture alterne bien entendue : fourrages, et par suite bétail et engrais plus abondants ; grains aussi plus abondants ; accroissement de fertilité et de propreté du sol, et par suite augmentation constante de produits.

Pour introduire chez nous un mode de culture aussi avantageux, nous n'avons pas, mes amis, comme dans beaucoup d'autres contrées de la France, les entraves terribles résultant de la vaine pature, puisque nos champs étant clos nous en sommes les maîtres en tout temps. Mais pouvez-vous attendre de vos faibles et grossiers instruments ces cultures aussi énergiques qu'expéditives, que réclame une terre sans cesse en production? et votre sol en billons étroits se prête-t-il à ces cultures? vos dispositions d'étables sans rateliers ni auges, jointes à la mauvaise habitude de laisser le fumier un temps infini sous le bétail, vous permettent-elles une vaste consommation de fourrages et de racines? assurément non.

Ainsi donc, mes amis, pour jouir des avantages dont je viens de parler, il faudrait renoncer d'abord à de vieilles habitudes dont vous sentez les défauts après cinq minutes de réflexions; employer des charrues et des herses énergiques; changer le billonnage des champs, de manière à lui donner en largeur au moins deux coups de faulx; soigner le bétail de telle sorte qu'une nourriture abondante puisse lui être administrée avec bénéfice; enfin remplacer peu à peu les années de repos par des cultures améliorantes intercalées entre les récoltes de grains; nous serions alors dans une voie certaine de richesse et d'amélioration.

LEBRAS. — Indique-nous donc, je te prie, quelques-unes de ces successions de cultures dont tu viens de faire ressortir les avantages : celle par exemple qui conviendrait le mieux à notre pays.

YVON. — Sans sortir des règles générales, ces assolements peuvent et doivent varier dans les diverses localités, suivant la nature et la fertilité du terroir, suivant le commerce du pays et ses débouchés. Telle plante qui convient à un sol, ne convient pas à un autre ; tel produit qui se vend bien ici, n'a pas d'écoulement ailleurs. Un principe invariable pour le choix d'un assolement, c'est que plus le sol est pauvre et moins on a la faculté de se procurer des engrais indépendants de l'exploitation, plus les cultures améliorantes doivent être nombreuses dans la rotation. Au contraire avec un sol riche et la facilité de se pourvoir d'engrais tirés du dehors, on peut multiplier beaucoup plus les récoltes épuisantes, avec le soin de séparer les céréales l'une de l'autre.

Il faut aussi disposer les cultures de manière à ce que les travaux soient répartis le plus également possible dans le cours de l'année. Enfin telle plante ne demande à revenir sur le même terrain qu'à des espaces de temps assez longs, telle autre n'aime pas de succéder à telle culture. Je vous indiquerai ces caprices de la végétation, quand nous parlerons des plantes en particulier. Toutes ces choses doivent être prises en considération par le cultivateur pour le choix de son assolement. Du reste, puisque vous me demandez à vous en indiquer, je vais commencer par le mien.

Le voici :

1re année, pommes de terre fumées.
2e   »   avoine, orge ou sarrazin.
3e   »   trèfle.
4e   »   blé et navets fumés.
5e   »   sarrazin.

Autre de Saint-Brieuc :

1re année, sarrazin fumé.
2e   »   froment d'automne, avec choux repiqués après la récolte du blé.
3e   »   choux récoltés en Avril, pois ou lentilles ou pomme de terre fumées.
4e   »   blé.

Autre de Paimpol :

1re année, sarrazin fumé.
2e   »   blé suivi de navets.
3e   »   orge.
4e   »   trèfle.
5e   »   blé suivi de navets.
6e   »   avoine.

Vous voyez, mes amis, que, dans ces deux derniers, le sarrazin est en tête d'assolement comme plante améliorante ; en effet il épuise fort peu, même récolté en grains, et par ses feuilles larges et nombreuses, il étouffe les

nauvaises herbes; il a d'ailleurs la propriété
l'ameublir très-bien le sol.

LEBRAS. — Assurément le sarrazin est
ne excellente préparation pour toute espèce
le grains.

YVON. — Je viens de vous faire connaître
eux bóns assolements de nos contrées. Je
rois convenable de vous en indiquer deux
nauvais. En voici un qu'on suit à Carnac près
'Auray :

re année, froment.
e   »   froment.
e   »   mil.
e   »   seigle.

En voici un autre de Pontivy :

re année, sarrazin amendé avec charrée.
c   »   seigle.
e   »   froment de mars fumé.
e   »   avoine.
e   »   paturage.

LE RECTEUR. — Vous ne sauriez, je
rois, mes amis, trop méditer le grave sujet
ont Yvon vient de nous entretenir.....

LEGUEN. — Tenez, M. le recteur, je
e suis qu'un ignorant ; je suis loin d'avoir la
ngue dorée comme Yvon ; mais dussé-je
ncore m'attirer vos réprimandes, je ne puis
ne contenir davantage, tant ces changements

me bouleversent!..... changement d'instru
ments, changement dans les étables, changement dans les champs; récoltes de four
rages pour augmenter la nourriture des bêtes
mondages fréquents, labours, hersages répé
tés.... Que sais-je moi? c'est un fracas
mettre en défaut la patience du saint homm
Job. D'ailleurs M. de Kerien ne me rirait-i
pas au nez, si j'allais lui proposer de démoli
sa ferme pour la reconstruire à grands frais su
les plans d'Yvon? C'est un casse-tête à ne
savoir où courir! Il faudrait des journées de
48 heures pour de pareilles tâches.

YVON. — Tu te trompes, mon cher
gardons-nous de rien embrouiller et de produire une obscurité factice qui n'existerai
pas pour toi, si tu te donnais la peine de
réfléchir un peu.

Ta journée de 48 heures suffirait-elle, ne
te consumerais-tu pas en vains efforts, si tu
prétendais arracher à la fois tous les crins
de la queue d'un cheval, tandis que trois
quarts d'heure feraient l'affaire en prenant
ces crins un à un.

Commence par échanger tes instruments
pour des meilleurs, en élargissant le billonage
des terres. Cela fait, entreprends la simple
culture du trèfle, en même temps que tu assai-
niras tes étables par les moyens dont tu es le

maître dès-à-présent. Les cultures sarclées viendront à leur tour. Tes produits en augmentant d'année en année accroîteront tes ressources, et tu te trouveras en état de consentir à une augmentation de fermage qui décidera M. de Kerien à t'accorder les constructions rendues indispensables pour un bétail plus nombreux.

Voilà donc effectuées progressivement ces améliorations dont la complication t'effraie ! Crois-tu que la culture perfectionnée de Saint-Brieuc soit tombée du ciel armée de toutes pièces ? Non sans doute : nos compatriotes de ces contrées ont eu le même point de départ que nous.

LEGUEN. — Tout au moins leur exemple prouve qu'on peut se passer de tes instruments nouveaux ; car ils ne s'en servent pas plus que nous, et comme nous ils billonnent leurs champs. Leur position d'ailleurs semble exceptionnelle, puisque de temps immémorial ils tirent de la mer d'abondants engrais qui nous manquent.

YVON. — C'est à force de bras qu'ils suppléent à l'usage des bons instruments. Un tel mode peut se soutenir en Bretagne, à raison du bas prix de la main-d'œuvre : mais l'emploi de ces instruments n'en est pas moins préférable, puisqu'il fait gagner beaucoup de temps, en réduisant le plus possible le prix de revient des cultures.

LEGUEN. — Et les ouvriers que deviennent-ils alors ?

YVON. — Et toutes ces landes qu'il reste à mettre en valeur sur tous les points, ne réclament-elles pas des milliers de bras !

Quant au billonnage, j'en ai prouvé les inconvénients qui sont palpables, et j'ai peine à comprendre que tu le défendes, toi, qui te plains de l'excès de fatigues qu'occasionnerait selon toi mon système de culture. Qu'y a-t-il de plus minutieux que ce travail de billons, et en même temps de moins nécessaire ? puisque, sans te parler de mes champs, qui divisés en planches sont mieux assainis que les tiens, je puis te citer l'usage où l'on est à Tréguier de semer aussi le lin en planches. Je n'aurais pas de peine à trouver des exemples semblables dans le Finistère. Quel obstacle empêcherait d'après cela de les suivre partout, lorsque d'immenses avantages résulteraient de ce changement si facile ? on doit donc désirer qu'il s'opère, même à Saint-Brieuc.

A ce que tu dis, en dernier lieu, des engrais que la mer y procure, je réponds qu'à Auray, à Quimperlé, et sur bien d'autres points du littoral, on a sous ce rapport les mêmes avantages que nos voisins, sans se mettre en peine d'en profiter, ainsi que l'a déjà fait observer M. le recteur dans notre instruction sur les engrais.

LE RECTEUR. — Concluons donc, mes enfants, avec Yvon, que c'est l'industrie qui vivifie tout, et que si nous sortons de notre engourdissement, les ressources naîtront sous nos mains ; car la providence n'est pas moins libérale pour l'un que pour l'autre ; le travail seul fait la différence de position. Tâchons d'en prendre une qui ne laisse rien à désirer. Quant à moi, je me plais à dire que chaque nouvel entretien redouble pour moi d'intérêt.

YVON. — Nous traitions, en effet, aujourd'hui, M. le recteur, l'objet le plus élevé de la science agronomique. Dans les promenades suivantes nous étudierons en détail les végétaux nombreux, puis les animaux dont la munificence de Dieu a bien voulu doter ces climats tempérés, et dont la production est le but de l'Agriculture.

CHAPITRE SIXIÈME.

Des Plantes améliorantes.

YVON. — Avez-vous, mes amis, suivan[t] le conseil de M. le recteur, médité le sujet de notre entretien de l'autre jour ?

LEBRAS. — Oui, mon cher, et ce mêm[e] sujet nous a plus d'une fois encore fait cause[r] ensemble dans le cours de la semaine. Pou[r] moi je désire vivement que tu achèves notr[e] instruction, en entrant dans les détails d[e] cette science agronomique dont les princip[es] généraux offrent tant d'attraits.

LE RECTEUR.—Le désir que tu exprimes, Lebras, me fait augurer que tu mettras à profi[t] les leçons et les conseils de notre cher pré[-]cepteur.

YVON. — Pour bien régler notre marche, rien de mieux, ce me semble, que de classe[r] les plantes agricoles en deux divisions, don[t] l'une comprendra les plantes améliorant[es], l'autre les plantes épuisantes ; et de com[-]

...encer par les premières qui ont une si heu-
...euse influence sur l'Agriculture.

POMME DE TERRE.

Les plantes améliorantes peuvent elles-
...êmes se ranger en deux classes : celles à ra-
...ines et à tubercules, et celles à fourrages.
...a pomme de terre doit sans contredit être
...ise en tête des premières.

LE RECTEUR. — En effet, quoi de plus
...erveilleux que cette abondante production
...e tubercules, véritable pain préparé pour
...homme, en même temps qu'il est un des
...liments les plus sains pour toute espèce de
...étail, ce qui fait de son introduction en
...rand dans la culture, pour la nourriture des
...nimaux, une garantie certaine contre la di-
...ette. Quel tribut de reconnaissance ne de-
...ons-nous pas à Jean Hamkings qui l'apporta
...l'Amérique en 1565; à notre Parmentier
...ont les efforts en ont singulièrement étendu
...a culture en France, et à ces savants amis
...le l'agriculture qui trouvent chaque jour dans
...ette plante de nouveaux sujets d'estime ! Qui
...roirait que de la pomme de terre on peut
...irer non seulement de la fécule, du sirop de
...ucre, du ciment très fort et des couleurs,
...nais encore du vin et de l'eau-de-vie!

LEGUEN. — Quoi! du vin et de l'eau-de-vie?

YVON. — Je l'estime beaucoup moins comme pouvant fournir ces boissons, que comme nourriture très saine de l'homme et des animaux. Donnée crue aux bœufs et aux vaches, même aux moutons; donnée cuite aux chevaux, aux porcs, à la volaille, elle entretient les uns et les autres dans le meilleur état de santé, malgré l'opinion contraire émise en beaucoup de pays. On peut calculer que deux livres de pommes de terre égalent en facultés nutritives une livre de foin de première qualité.

Aussi rustique qu'utile la pomme de terre ne demande pas un sol particulièrement riche, mais elle réclame quelques soins qui, déjà payés par elle, profitent encore aux récoltes suivantes ; aussi est-elle parfaitement placée dans la culture en tête d'assolement ; elle prépare alors la terre à toutes les céréales de printemps d'une manière très convenable.

LE RECTEUR. — Mais, pour être à même d'avoir des champs de pommes de terre d'une certaine étendue, il faut recourir à des procédés de culture plus expéditifs et moins coûteux que ceux en usage presque partout.

YVON. — Sans contredit, M. le Recteur,

on ne doit planter la pomme de terre que dans un champ bien ameubli par un labour avant l'hiver et d'autres subséquents, suivant la nature plus ou moins compacte du terrain. Le dernier labour a lieu pour la plantation qui peut être différée quelquefois jusqu'au commencement de Juin. Il n'y faut employer que des tubercules parfaitement sains; les plus gros dans leur intégrité sont, sans contre-dit, ceux qui produisent le plus. Il convient de ne pas les diviser en plus de deux morceaux ; les petits et les moyens seront toujours employés entiers.

Pour accompagner une charrue il faut deux femmes qui plantent une raie sur trois, soit en plaçant les tubercules au fond de la raie contre le terrain non labouré, soit en les appliquant fortement dans le côté de la tranche qui vient d'être retournée. Le labour devra être bien fait, à petites raies et superficiel.

Lorsque les pommes de terre commencent à lever, il faut déchirer la surface du champ avec la herse de fer, et mieux encore avec le cultivateur ou le scarificateur si on en a. Ce travail fort utile aux pommes de terre simplifie beaucoup celui de la houe à cheval, qu'on passe deux fois entre les lignes quelque temps après, en serrant chaque ligne à son tour.

Si les opérations que je viens d'indiquer

7 *

ont été faites avec soin, il ne sera pas même nécessaire d'achever le travail, en houant à la main entre les lignes; ce qui est, du reste, fort peu de chose, d'autant qu'à la houe à cheval succède bientôt le buteur. Vers le moment de la fleur, cet instrument couvre de terre une partie des plantes, ce qui favorise la multiplication des tubercules, parce que les portions de tiges enterrées en produisent de nouveaux.

Il ne reste plus ensuite qu'à les arracher à l'arrière saison. Pour abréger on y emploie quelquefois la charrue, en retournant avec elle chaque sillon. Le ramassage offre alors des difficultés par suite desquelles les ouvriers peu habitués aiment souvent mieux les arracher eux-mêmes : ils exécutent très-bien ce travail avec un crochet à deux dents longues et très courbes. Le produit d'un hectare de pommes de terre bien cultivé est de 200 à 220 hectolitres.

LE RECTEUR. — Maintenant nous te demanderions comment mettre de telles quantités de pommes de terre à l'abri de la gelée et de l'humidité qui leur sont si funestes, si nous ne savions aujourd'hui, par ton exemple de plusieurs années, que la conservation de ce tubercule est parfaite lorsqu'on le range en silo, ce qui consiste, comme vous le savez, mes enfants, à creuser le sol d'un pied environ, sur une largeur de trois à quatre et sur une longueur indéterminée ; à amonceler dans cette cavité les pommes de terre le plus haut possible, en donnant au tas la forme anguleuse des monceaux de pierres disposés sur les grands chemins pour leur réparation. On couvre ensuite le tout d'un peu de paille et d'un pied de terre, laquelle est fournie par un fossé qu'on creuse autour du silo, en le faisant plus profond que lui.

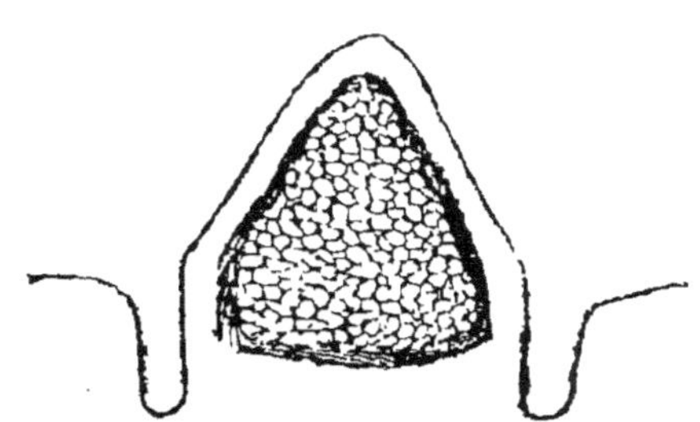

Coupe d'un silo vu de face.

YVON. — Ce procédé fort bien décrit par M. le Recteur est le meilleur pour conserver les pommes de terre, ainsi que toute autre espèce de racines. Il faut seulement avoir le soin de faire le tas d'autant plus étroit que la récolte a été plus fraîche. Le mieux est même de le découvrir de temps en temps par le haut dans les beaux jours, pour s'assurer s'il n'existe pas de fermentation de mauvaise nature qu'on reconnait facilement à une odeur fétide. Dans ce dernier cas il ne faudrait pas hésiter à défaire le tas pour le reconstruire de nouveau.

J'ai toujours vu jeter les pommes de terre gelées. Cependant, la gelée tout en détruisant l'organisation vitale de ce tubercule ne lui ôte que peu de ses propriétés nutritives. Pour vous en assurer dorénavant, mes amis, étendez dans un lieu inaccessible à vos bestiaux vos pommes de terres gelées, vous les retrouverez, au bout d'un certain temps, converties en autant de morceaux farineux sans odeur, très propres à nourrir et à engraisser les porcs, et même à vous servir d'aliments.

LEBRAS. — La plante à haute tige, à larges feuilles dont tu m'as montré quelques pieds dans ton jardin, ne produit-elle pas aussi des tubercules dont tu fais grand cas?

TOPINAMBOUR.

YVON. — Sans doute. C'est le topinambour, qui, plus rustique encore que la pomme de terre, croît dans les mauvais terrains, et peut se passer de toute culture dans le cours de sa végétation, tant elle est prompte et vigoureuse. Ses tubercules qui conviennent à toute espèce de bétail, quoique moins nourrissants que la pomme de terre, ne souffrent pas de la gelée, de sorte qu'on peut les récolter au fur et à mesure des besoins. Comme on en oublie toujours quelques-uns, le terrain se trouve replanté de lui même, circonstance qui permet de conserver plusieurs années un champ de topinambours, sans autre soin que celui de le récolter, de le labourer une fois au printemps, et de fumer à peu près tous les trois ans.

Placé en tête d'assolement, et cultivé comme la pomme de terre, le topinambour donne toujours, à qualité de sol égale, une récolte supérieure en quantité. Dans les terrains pauvres la différence est toute à son avantage. Le sarrazin avec le trèfle lui succéderait d'autant mieux alors que, comme il repousse toujours avec vigueur, on aurait le temps avant la semaille du sarrazin, de faucher ou de faire pâturer par des moutons ses tiges encore jeunes; c'est le meilleur moyen de les détruire.

LEBRAS. — Quand tu pourras m'en donner quelques tubercules, Yvon, tu m'obligeras.

YVON. — A votre service, mes amis.

D'autres racines fort précieuses aussi pour l'agriculture, mais plus difficiles sur le choix du terrain, sont la betterave, le navet, le choux navet ou ruthabaga, la carotte, le panais. Elles sont toutes un aliment des plus sains pour les moutons et les bêtes à cornes, quoique du reste moins substantiel que la pomme de terre. Pour faire l'équivalent d'un kilogramme de celle-ci, ou d'un demi kilo de foin, il faut environ un kilogramme et demi de carottes et de panais, peut-être plus encore de betteraves, et au moins deux kilogrammes de navets. Un avantage propre à la carotte et au panais, c'est d'être la meilleure nourriture qu'on puisse donner aux chevaux.

LE RECTEUR. — C'est pour cela que le panais est cultivé en grand dans les environs de Morlaix.

YVON. — Toutes ces cultures exigent un sol profond et riche en humus ; elles demandent en outre plus de soins que celles de la pomme de terre. Dans de bonnes conditions, elles donnent aussi des produits plus abondants. En tête de rotation elles préparent très-bien le sol pour tout ce qui doit suivre ; mais elles veulent qu'il soit déjà passablement net d'herbes vivaces, autrement les sarclages minutieux, surtout pour la carotte et le panais, seraient très difficiles.

BETTERAVE.

Vous savez, mes amis, que la fabrication du sucre donne aujourd'hui une grande importance à la betterave. Cette industrie enrichit beaucoup d'exploitations, principalement à cause de l'amélioration qui en résulte pour la culture.

La variété la plus riche en sucre et la plus généralement cultivée, c'est la betterave blanche, dont la racine ne s'élève pas au-dessus du sol. La variété dite disette, à peau rouge, qui sort fortement de la terre, est moins sucrée, mais elle acquiert plus de volume, ce qui la fait généralement préférer par ceux qui cultivent cette racine seulement pour le bétail.

Dans notre climat on peut la semer depuis Février jusqu'à la fin Avril, plus tôt sur les sols chauds, plus tard sur les terrains frais. Ainsi que je vous l'ai dit, le champ doit avoir été labouré profondément et bien ameubli.

Sans parler du semis à la volée qui rend le sarclage trop coûteux, ni de ceux en pépinières qui exigent un repiquage dont les betteraves souffrent le plus souvent, je ne vous occuperai, mes amis, que des semis en lignes, qui sont sans contredit les meilleurs. Je commencerai par quelques mots sur les instruments à semer en lignes ou semoirs si utiles à celui qui cultive en grand les plantes sarclées.

On en fabrique de beaucoup de sortes. Dans les uns c'est un cylindre muni de petites cavités, lesquelles en tournant s'emplissent de graines qui passent ensuite dans des tubes et de là par terre. Dans d'autres, la semence est prise par une brosse tournant de même : dans d'autres enfin par de petites cuillers fixées à un axe. Ces machines, vous le voyez, sont très commodes pour semer régulièrement en lignes. J'en connais qui font jusqu'à neuf rayons à la fois. Leur prix les met hors de la portée du petit cultivateur. Mais il en est qui sèment seulement une ou deux lignes, et qu'un homme conduit avec facilité.

LEBRAS. — L'espèce de brouette que j'ai vue chez toi, est sans doute un semoir de ce genre?

YVON. — Justement. Il suffit très bien à des petites exploitations. Mais pour les semis de betteraves dont les plants veulent être fort espacés, il a, comme tous les autres, le défaut de trop jeter de graines. A mon avis, la meilleure manière de cultiver la betterave est celle-ci, qui permet en même temps de se passer de semoir :

Par un buttage léger on divise le champ en sillons, sur le haut desquels une femme enterre légèrement une à une les graines, à dix-huit pouces de distance, en les couvrant d'un peu de fumier qu'elle prend dans un panier tenu par elle à cet effet. Ce travail n'exige pas plus de six ou huit personnes par jour sur un hectare. Lorsque les betteraves ont quelques feuilles, on passe entre les lignes la houe à cheval, ou mieux la charue simple sans versoir, et on achève le sarclage à la main entre les pieds. Bien entendu qu'avant tout on a eu soin de débarrasser chaque pied des tiges que la graine, comme il arrive presque toujours, aurait produites, en sus de celui qu'il convient de laisser seul en choisissant le plus beau. Le cultivateur est souvent tenté d'enlever à la betterave quelques unes de ses feuilles; mais il ne le fait jamais dans le cours de la végétation sans nuire au produit. L'arrachage et le transport des racines doit s'effectuer avec précaution, car les lésions produisent le plus souvent la pourriture. Le produit des betteraves placées en bonnes conditions et bien cultivées, varie de quinze à vingt-cinq mille kilogrammes par hectare.

NAVETS.

La culture des navets est plus répandue dans le pays breton que celle de la betterave; leur végétation rapide la rend plus facile, et sans contredit très avantageuse dans ce climat où l'on n'a pas à craindre les ravages du puceron.

Le navet peut très bien être mis en tête d'assolement, ou bien semé en récolte dérobée entre deux autres. Il exige du reste un sol bien ameubli, passablement riche et net d'herbes vivaces. Dans de telles conditions, on peut sans inconvénient le semer à la volée, et la graine s'enterre avec le rouleau. Il ne demande souvent ensuite d'autre soin qu'un hersage énergique. Quand sa cinquième feuille commence à se développer, il est quelque fois nécessaire de le débarrasser des herbes en les arrachant à la main. Le navet récolté est d'une conservation difficile, mais comme il ne redoute que les gelées très fortes dont nous sommes garantis par les brumes de mer, rien de mieux que de le laisser dans le champ pour l'y prendre au fur et à mesure des besoins. On peut le semer depuis Juin jusqu'au commencement de Septembre.

LEBRAS. — Ne sont-ce pas des tiges de navets en fleur que tu as fait manger cette année de si bonne heure à ton bétail à cornes?

YVON. — En effet, j'oubliais de vous dire que ces tiges sont un fourrage précoce qui ne laisse pas que d'avoir son mérite en concurrence avec l'ajonc et le choux cavalier.

RUTHABAGA.

Le choux navet ou ruthabaga ou navet de Suède, se distingue du navet ordinaire par ses feuilles d'un vert plus glauque et plus ressemblantes à celles du choux, par ses racines généralement plus sucrées et plus dures, enfin par la faculté qu'on a de le repiquer avec avantage, opération dangereuse pour le navet. Les Anglais le cultivent beaucoup.

LE RECTEUR. — C'est lui sans doute qu'ils désignent sous le nom de Turneps, et qui atteint quelquefois, au dire des voyageurs, le poids énorme de 70 à 80 livres.

YVON. — Justement, la culture de cette racine, diffère peu de celle des navets ordinaires; seulement comme il est d'une végétation lente, on ne peut le semer avec avantage après la mi-Juin, et des sarclages lui sont absolument nécessaires.

Pour le cultivateur qui n'ayant pas de semoir ne peut aisément le semer en lignes, le mieux est sans contredit de le repiquer, opération qu'on exécute vite et très bien au moyen des charrues, en attachant à chacune deux ouvriers qui appliquent les plantes sur la tranche, de trois en trois raies, entre le versoir et les pieds de derrière des chevaux.

Il est encore préférable de prendre une personne de plus pour conduire les chevaux l'un devant l'autre à côté de la raie. Les ouvriers ont alors mieux le temps de bien placer les plants.

LE RECTEUR. — Le même procédé peut servir, je pense, à toute espèce de repiquage à la charrue.

CAROTTES.

YVON. — Sans aucun doute. La carotte, plus que toute autre racine, veut un sol riche, profondément ameubli et bien nétoyé. On la sème depuis Février jusqu'en Avril, avant d'employer la graine, on doit la débarrasser de ses barbes par un frottement, sans quoi elle formerait paquets et serait moins en contact immédiat avec le sol, ce qui en retarderait la germination.

Le semis en lignes facilite beaucoup le sarclage en permettant de passer le hoyau entre les lignes. Les carottes lèvent toujours plus lentement que les plantes parasites, de sorte qu'à peine ont-elles trois feuilles, on est déjà forcé de leur donner un premier binage très minutieux avec un instrument léger : un second du même genre est quelquefois nécessaire. Enfin le dernier sarclage, quand la plante est déjà grande, peut s'exécuter entièrement avec un hoyau étroit. La carotte paie largement ces soins par un produit très considérable de racines particulièrement avantageuses aux chevaux.

PANAIS.

Les mêmes détails de culture sont de tous points applicables au panais qui peut-être est plus difficile encore sur le choix du terrain, et plus abondant en produits ; M. le recteur vous a dit qu'on le cultive beaucoup dans la partie Nord du Finistère. Voici l'assolement le plus en usage sur ce point :

1re année, pommes de terre, sarrazin ou navets sur défoncement.

2e   »   froment.
3e   »   avoine.
4e   »   panais sur défoncement.
5e   »   froment.
6e   »   orge.
7e   »   trèfle.
8e   »   froment.

Quelque fois 9e avec avoine.

10e   »
11e   »
12e   » } paturage.
13e   »

LEBRAS. — Ne cultive-t-on pas aussi beaucoup le choux cavalier dans cette partie de la Bretagne ?

CHOUX CAVALIER.

YVON. — Tu as raison, les champs de pommes de terre , de panais, de navets, sont divisés en planches assez larges , et sur le bord de chacune on accumule beaucoup d'engrais pour repiquer une ligne de ces choux au mois de Juin ; dès le mois d'Août ils commencent à monter , et depuis ce moment jusqu'en Mars , époque à laquelle ils ont atteint une hauteur notable et cessent de grandir, ils produisent une infinité de feuilles fort goutées des bestiaux.

CHOUX POMME.

Le choux pomme n'est cultivé en grand dans la Bretagne qu'auprès de Saint-Brieuc, où on le repique toujours comme récolte dérobée entre une céréale et des pois , ou du sarrazin, ou toute autre culture de printemps. Vous comprenez dès-lors que cette espèce de choux est hâtive ; il en est d'autres variétés , qui semées au printemps ont formé leur pomme à la fin de l'été. Toutes demandent un sol riche , approfondi depuis longtemps, et beaucoup de soins; à ces conditions la culture du choux à pomme, comme objet de vente, ou comme nourriture de bétail, peut être très avantageuse; mais ici je conseillerais plutôt celle du choux cavalier, attendu qu'il est plus rustique. On pourrait le repiquer à la charrue de la manière que j'ai indiquée pour le ruthabaga; du reste, il ne faut pas perdre de vue que le choux, même ce dernier, réclame ainsi que je l'ai dit tout-à-l'heure, un sol riche et profond.

Le choux fait en quelque sorte transition des cultures de racines aux cultures de fourrages proprement dites. Celles-ci, vous le savez, forment la suite des cultures améliorantes, elles doivent donc nous occuper en ce moment.

LE RECTEUR. — Pour commencer cette étude, admirons, mes amis, le superbe tapis rose et velouté de ce beau trèfle qui j'en suis sûr appartient à Yvon. Les plus riches parterres n'ont rien d'aussi suave.

LEGUEN. — La couleur est fort belle, sans doute; mais j'aime encore mieux le produit qui certainement sera pour les deux coupes de 12 à 14 milliers par hectare.

LE RECTEUR. — Si j'ai bonne mémoire, cette terre était une lande, il y a peu d'années.

YVON. — Vous voyez M. le recteur, ce que peut une culture raisonnée. Que Leguen donc, comme nous l'avons déjà dit, applique progressivement à la sienne les principes que nous établissons ici ; qu'au lieu de semer du trèfle, lorsqu'il ne peut plus rien obtenir de son champ, il le fasse succéder à la première céréale de sa rotation, avant que le sol ne soit infesté d'herbes vivaces ; qu'il répande sur ce trèfle au printemps deux hectolitres environ de plâtre pulvérisé par hectare, et il devra en espérer un produit égal à celui-ci, sans compter qu'après un trèfle abondant, qui, par sa végétation vigoureuse en a comprimé toute autre, une belle récolte de céréales est assurée.

Le sol qui convient le mieux au trèfle est la glaise siliceuse et légèrement calcaire à sous sol imperméable. Après celui-là, c'est sans contredit la glaise argileuse, ainsi que le sol siliceux imperméable à silice très fine, connu généralement sous le nom de terre blanche.

Dans les terrains sabloneux ou très calcaires, le trèfle souffre beaucoup de la sécheresse, dans les sols très argileux la gelée a sur lui une action fâcheuse en ce qu'elle le déchausse ; les autres terrains ne sont pas non plus absolument à l'abri de cet accident, dont on évite en partie les funestes effets par des labours profonds, qui permettent au trèfle d'avoir des

acines plus longues et dès-lors plus capables
'opposer au soulèvement produit par la gelée
ne résistance suffisante.

Même sur les sols qui lui conviennent le
mieux, le trèfle ne veut reparaître qu'au bout
de quatre ans au plus tôt, et des intervalles
plus longs lui sont indispensables dans les
terres moins favorables. On peut le semer
depuis le milieu de l'hiver jusqu'au milieu de
l'été. La semence dont il convient de mettre
environ 45 à 50 livres par hectare, demande
à n'être enterrée qu'avec un simple fagot
d'épines, ou même à ne pas l'être du tout.
Le point important, c'est que la graine trouve
de la terre meuble à la surface pour y enfoncer
aisément la radicule; aussi faut-il de préférence la semer sur le hersage donné au printemps aux céréales d'hiver, ou sur celui qui
vient d'enterrer une graine de printemps; on
a remarqué que dans du lin ou du sarrazin,
il vient mieux que partout ailleurs. Le passage
du rouleau, lorsque le champ est levé et celui
de la herse de fer au printemps suivant, sont
sans contredit fort utiles.

Le plâtrage que je tiens pour indispensable dans la plupart des cas, se fait de même
à cette dernière époque, lorsque la plante
commence à couvrir la terre. Le mieux pour
cette opération c'est de choisir un moment

de pluie douce ou de belle rosée, afin que la poussière s'attache aux feuilles ; car ce sont elles plutôt que les racines qui ont la faculté de décomposer la substance. De là vient qu'une pluie battante, lavant les feuilles quelque temps après le plâtrage, en diminue fortement l'effet.

Le trèfle qu'on veut faner doit être coupé au moment où la plupart des têtes sont bien fleuries ; en le fauchant plus tôt, on perdrait trop en quantité et plus tard en qualité. Lorsque le temps est au beau, il convient de laisser sécher d'eux-mêmes les andains qu'on retourne seulement une fois, s'ils sont d'une certaine épaisseur.

LEBRAS. — En effet, de cette manière toutes les feuilles qui forment la meilleure partie du fourrage restent attachées aux tiges, et ne sont pas perdues, comme il arrive lorsqu'on remue le trèfle souvent.

LEGUEN. — Mais en temps de pluie ce procédé serait bien long.

YVON. — Dans ces moments fâcheux malheureusement trop fréquents, voici la meilleure manière d'arriver à bien dessécher la récolte. Une fois fauchée et simplement ressuyée, on l'amoncèle en gros tas de plusieurs voitures. Le trèfle entre alors promptement en fermentation , lorsqu'il est chaud au point de ne plus permettre d'y tenir la main (ce qui a lieu environ 24 heures après la mise en tas) on l'étend, et peu d'heures suffisent alors pour le sécher entièrement. Ce mode de dessication exige, il est vrai, un peu plus de travail que tout autre , mais il donne au trèfle un goût sucré très-agréable au bétail.

LEBRAS. — Je me souviens que tu as ainsi séché tes trèfles, il y a trois ans, tandis que les nôtres ont été à peu près perdus.

YVON. — Ce que je viens de dire sur le plâtrage et la dessication du trèfle, s'applique au trèfle incarnat, à la luzerne, au sainfoin, à la lupuline, à la vesce. Bien séchées ces diverses plantes sont égales en qualité au meilleur fourrage naturel ; vertes elles ne sont pas moins précieuses pour la nourriture du bétail. Quoi de plus merveilleux, en effet, que cette production abondante et continue d'un champ de trèfle ou de luzerne ! Vous fauchez de bonne heure le commencement de la pièce, et, continuant chaque jour, vous en nourrissez exclusivement votre bétail tout un été, parce que le premier fauché est bon à couper de nouveau, lorsqu'on finit de consommer l'autre bout.

LE RECTEUR. — On m'a dit que cette nourriture au vert de trèfle ou de luzerne a l'inconvénient de produire de dangereuses météorisations chez les animaux.

YVON. — Le pâturage de ces prairies n'est pas il est vrai sans quelques dangers, principalement quand l'herbe est humide et dans les temps moux et orageux. Mais à l'étable, lorsqu'on a eu soin d'habituer peu à peu le bétail à ce genre d'aliment, le même danger n'est pas à craindre ; cependant il est bon de faire connaître les remèdes au moyen desquels on peut toujours prévenir la mort, quand un animal est météorisé par suite de quelques négligence.

Lorsqu'il n'est pas encore tombé, il faut lui faire avaler une cuillerée à bouche d'ammoniac liquide dans une bouteille d'eau, et le jeter à l'eau subitement si l'on peut ; le refroidissement causé par cette dernière opération suffit souvent pour arrêter le mal. Si l'animal tombe, et qu'on n'ait plus d'espoir, il ne faut pas balancer à lui percer la panse au flanc gauche, dans l'angle formé entre la pointe du coxal et les vertèbres du dos. On introduit dans la blessure un tuyau quelconque par où se dégagent les gaz malfaisants en soulageant tout-à-fait l'animal. Comme la blessure est peu dangereuse elle se guérit ensuite aisément.

LE RECTEUR. — Pour en revenir au trèfle, je le crois une plante vivace susceptible de durer plusieurs années.

YVON. — Vous ne vous trompez pas, M. le recteur, mais, dès la seconde, le champ se souille presque toujours; de là vient qu'en bonne culture on ne le conserve jamais plus d'un an. Il donne, vous le savez, deux coupes bien fleuries; c'est ordinairement la seconde qu'on laisse mûrir pour avoir de la graine, en choisissant des places qui ne soient point versées. Cette graine doit être remise et battue très sèche.

TRÈFLE INCARNAT.

LEBRAS. — Le trèfle incarnat que tu as nommé tout-à-l'heure, est sans doute celui dont tu avais au printemps un champ du plus beau rouge ?

YVON. — Précisément. Ce trèfle est souvent précieux par sa précocité et par la faculté qu'on a de le semer après la moisson; de sorte que si le trèfle ordinaire est manqué, on peut très bien le remplacer par celui-là. On l'intercale aussi comme récolte dérobée entre une céréale et du sarrazin, du mil, des navets ou du colza; car il ne donne qu'une coupe qu'on enlève à la fin de Mai. Le fourrage du reste en est de moindre qualité que celui du trèfle ordinaire. Avant de le semer sur le chaume de la céréale, il convient de passer la herse de fer si le sol est léger et même de donner un labour superficiel s'il est durci; en temps sec il faut enterrer la semence par le rouleau, en temps frais on ne doit pas l'enterrer du tout; le trèfle incarnat affectionne les terrains siliceux, schisteux et granitiques à sous-sol perméable.

LE RECTEUR. — En voyant souvent la terre se couvrir de trèfle blanc d'elle-même, je me suis demandé si on ne pourrait pas cultiver cette plante avec avantage.

YVON. — C'est assurément, M. le recteur, la meilleure qu'on puisse semer comme pâturage, principalement pour les moutons. Je l'ai vue cultivée uniquement dans ce but. Elle réussit très bien sur les terrains qui conviennent au trèfle ordinaire; on la sème de la même manière dans une céréale, en mettant environ 25 livres de graine par hectare.

LUZERNE.

Passons à la luzerne qui à mes yeux, mes amis, est la reine des plantes améliorantes; mais tous les sols ne lui conviennent pas; il lui faut avec un sous - sol perméable ce calcaire dont nous manquons généralement. Nous ne pouvons dès-lors profiter de l'amélioration presque incroyable que produit cette plante partout où la culture en est développé.

LEGUEN. — Mais, n'en ai-je pas vu aux environs de Saint-Malo?

YVON. — Effectivement, l'emploi des vases de mer abondantes en coquilles calcaires peut la faire réussir sur les terres profondes et perméables résultant de la décomposition du micaschiste, telles que sont en général celles des environs de Saint-Malo.

On ne doit semer la luzerne que dans une céréale parfaitement nette d'herbes vivaces; le semis s'en fait au printemps comme celui du trèfle. Elle persiste, vous le savez, plusieurs années, en donnant par an, trois et souvent quatre coupes; toutefois le produit dépend des fumures superficielles qu'on lui applique pendant sa durée. Une opération également fort avantageuse c'est de remuer au printemps la surface de la terre avec la herse de fer : mais à quoi bon, mes amis, nous arrêter davantage sur une culture qui, par suite des raisons déjà développées, ne peut qu'être fort rare dans nos contrées ?

SAINFOIN.

J'en dis autant du sainfoin qui, bien que plus rustique que la luzerne, exige de même un sol calcaire. Le produit en est moins abondant, et comme elle il occupe plusieurs années la terre qui au défrichement se trouve améliorée; c'est une plante des plus utiles pour les terrains brûlants et très calcaires.

LUPULINE.

La lupuline que je ne crois cultivée nulle part en Bretagne, non plus que le sainfoin, n'exige pas exclusivement la présence du calcaire; néanmoins la réussite n'en est assurée que sur un terrain de ce genre en même temps qu'un peu frais. On la sème au printemps dans une céréale, à raison de 50 livres par hectare; on la fauche une seule fois l'année suivante, de manière à pouvoir semer encore après elle du sarrazin ou des navets.

VESCE.

Une autre plante plus précieuse sans contredit pour nos sols dénués de calcaire, c'est la vesce à laquelle tout terrain frais convient parfaitement.

LEBRAS. — N'en connaît-on pas deux variétés ?

YVON. — En effet, l'une se sème avant l'hiver et donne un fourrage de quinze jours plus hâtif que le trèfle commun ; l'autre peut être mise en terre à toute époque du printemps. Dès-lors on la fauche à divers moments dans le courant de l'été.

Bien que semée avec un seul labour sur une terre mal propre, la vesce donne par fois d'abondants produits ; mais il est certain que l'ameublissement et la netteté du sol lui sont très profitables.

Dans quelques conditions qu'on l'ait placée, il ne faut jamais négliger d'en rompre le chaume sur le champ, une fois le fourrage enlevé, précaution sans laquelle le sol se couvrirait bientôt de mauvaises herbes. Récoltée en graine, la vesce épuise médiocrement et peut donner par hectare **18** hectolitres d'un grain très goûté des porcs et des pigeons. Il en faut pour semer la même étendue environ deux hectolitres auxquels on fait bien d'ajouter un quart d'hectolitre d'avoine, d'orge, de seigle ou de féveroles, pour soutenir les tiges.

POIS.

Le pois, plante du même genre, demande un sol un peu plus riche, peut-être aussi plus argileux; il améliore le champ qui l'a reçu, si on le fauche en fleur, et qu'après la coupe on retourne le chaume immédiatement.

Pour la culture en grand il en existe deux variétés principales, le pois gris et le pois vert; on les sème tous deux au printemps; ils donnent un excellent fourrage. Le grain du premier ne convient qu'aux animaux, tandis que le pois vert a plus de valeur, comme étant propre à la nourriture de l'homme; je le crois aussi plus difficile que le pois gris sur le choix du terrain. Pour en semer un hectare, il faut environ deux hectolitres de graine, un peu moins si on veut récolter à maturité. Quant au produit, rien n'est plus variable, car dans certaines années les pois ne rendent que leur semence, tandis que d'autres fois ils donneront vingt hectolitres par hectare; leur paille est une assez bonne nourriture, notamment pour les moutons.

LENTILLE.

La lentille, autre plante améliorante peu cultivée en Bretagne, produit en vert un fourrage il est vrai moins abondant que les pois et vesces, mais d'excellente qualité, et qui donné sec aux chevaux, peut pour ainsi dire tenir lieu de la ration de grain.

Il en est deux variétés, l'une d'automne, l'autre de printemps ; la première moins difficile sur la qualité du terrain, préfère comme le pois les sols un peu argileux ; l'autre demande ceux qui sont frais en même temps que légers. La glaise siliceuse convient à celle-ci, la glaise argileuse à celle-là ; toutes deux veulent être semées dans une terre propre et ameublie.

Récoltée mûre, la lentille ne laisse pas que d'épuiser la terre ; mais elle donne en moyenne un produit de 12 à 15 hectolitres par hectare d'un grain fort estimé par l'homme, et le meilleur sans contredit pour l'engraissement des porcs. La paille en outre ne le cède pas au foin de première qualité.

GOURGANES ET FÉVEROLES.

LE RECTEUR. — La culture des lentilles me plait beaucoup ; car j'affectionne particulièrement ce légume, sans être toutefois d'humeur à lui faire le même sacrifice que le frère du saint patriache Jacob. Mais je suis loin d'avoir la même tendresse pour la gourgane dont j'ai vu la culture en honneur dans les marais salants, circonstance à laquelle elle doit sans doute le nom de fève de marais. Mais justement n'en aperçois-je pas dans ce clos peu éloigné de la métairie d'Yvon ?

YVON. — Non pas précisément, M. le recteur, car je n'ai pas à ma disposition cette vase noire au moyen de laquelle on rend éminemment fertiles les terres entremêlées dans ces marais salants, ce qui leur fait produire des végétaux difficiles sur la qualité du sol, tels que la fève dont il s'agit.

LEBRAS. — Vous parlez de culture des marais salants ; cependant, nous voyons ceux qui les exploitent et qu'on nomme paludiers, venir tous les ans dans nos contrées pour échanger du sel qu'ils apportent, contre des grains dont ils manquent ; ce commerce qu'on appelle la troque ne donne pas une haute idée de la fertilité de leur pays.

LE RECTEUR. — Ton observation, mon enfant, n'est pas sans valeur. Les paludiers dont tu parles viennent des marais situés entre la Loire et la Vilaine, et à l'ouest de celle-ci : là les salines sont trop serrées pour laisser une place suffisante à des cultures tant soit peu considérables ; tandis que sur la rive gauche de la Loire, dans ce qu'on appelle le pays le Retz, elles sont entremêlées d'abondantes cultures de grains. Mais revenons à ce qui couvre le champ d'Yvon.

YVON. — Ce sont, M. le recteur, de petites fèves ou féveroles dont le grain plus arrondi et moins grand que celui de la gourgane, serait encore moins de votre goût que cette dernière, laquelle entre toutes fois dans l'approvisionnement des navires pour les voyages de long cours.

La féverole plus humble ne sert qu'aux animaux ; moulue grossièrement ou amollie dans l'eau, elle est un des meilleurs grains qu'on puisse donner au cheval, au cochon, au bœuf d'engrais. Fauchée en fleurs, elle produit un fourrage d'excellente qualité.

LEBRAS. — Ton champ, si je ne me trompe, Yvon, a été semé en lignes.

YVON. — Cela est vrai ; pour cet alignement, il m'a simplement fallu semer sous le labour une raie sur trois ; car la féverole aime à être enterrée profondément, et la jeune plante perce les sols même les plus argileux ; de la sorte, elle peut très bien être cultivée à la houe à cheval entre les lignes, et elle étend ensuite des branches qui couvrent tout le sol et se chargent de gousses. Nulle préparation n'est meilleure pour le blé que la féverole ainsi disposée, et peu de cultures sont plus productives, surtout dans les terres fortes.

Comme plante fourragère on doit la répandre à la volée et passablement dru, afin que les tiges en s'étiolant un peu soient tendres et goutées des bestiaux. Dans notre climat elle peut être semée en automne, en hiver, au printemps ; dans les pays plus froids on en a deux variétés, une d'automne et l'autre de printemps. La quantité de semence à employer et le produit en grain varient suivant le mode de culture. Le semis à la volée exige beaucoup plus de semence et rend bien moins que le semis en lignes. On peut indiquer comme produit moyen de ce dernier 25 à 30 hectolitres par hectare. On ne doit pas manquer de rompre sans retard le chaume de la féverole, comme celui de la vesce, du pois et de la lentille.

SPERGULE.

On peut mettre au rang des plantes dont nous nous occupons, la spergule qui croît spontanément dans les terres siliceuses et fraîches. Elle est à la vérité plus propre à fournir une excellente pâture qu'un fourrage abondant ; mais c'est un engrais végétal des plus estimés. On la sème depuis le commencement du printemps jusqu'au mois de Juillet, à raison de **24** livres par hectare, sur une terre nette d'herbes vivaces et bien ameublie.

Maintenant il ne nous reste plus que trois plantes que vous connaissez et que vous aimez sans doute comme je les aime; car on peut dire qu'elles appartiennent à notre chère Bretagne.

LE RECTEUR. — C'est pour cela que tu les réservais pour la bonne bouche ?

YVON. — Justement, M. le recteur; combien leur aspect inattendu dans des pays lointains m'a souvent ému aux doux souvenirs de la patrie et de l'enfance ! Je me croyais une crêpe à la main près du foyer paternel, écoutant quelque histoire du roi Grâlon. Les masses de verdure dont s'enveloppent nos vieux manoirs; nos clochers si artistement ciselés; les gros ifs qui couvrent nos sépultures ; le chant de la grive si agréable au printemps; la douce mélodie du rouge-gorge aux rayons d'un soleil d'hiver; les sons rauques de l'antique Binion : il me semblait voir ou entendre tout cela ! mais bientôt la trompette ou le canon faisait évanouir ce songe hélas trop court, et force était d'oublier bien vite le sarrazin, le genêt et l'ajonc. Aujourd'hui je n'ai garde de lâcher prise; je commence par le sarrazin.

SARRAZIN.

Il est sans contredit une des plantes les plus améliorantes ; car, même récolté en grains, il épuise peu sensiblement le sol. Comme avec ses feuilles larges et touffues et sa végétation rapide il étouffe toute mauvaise plante, qu'il pénètre et ameublit la terre au moyen de racines nombreuses, le champ qui l'a porté se trouve bien disposé à produire une céréale. Ces propriétés du sarrazin existent à un bien plus haut degré lorsqu'on l'enfouit en fleur. C'est véritablement alors une couche de fumier que l'on enterre.

Avec fumure il occupe très-bien une tête d'assolement. C'est ainsi qu'il est cultivé partout en Bretagne, et il réussit à merveille sur un défrichement de pâturage. Dans les assolements alternes, on peut aussi l'intercaler avec avantage comme récolte dérobée, entre des vesces fauchées en vert et une céréale, par exemple. De plus, il est temps encore de le semer sur le chaume de celle-ci, comme engrais végétal. Vous savez qu'il périt à la moindre gelée, et que dès lors on ne doit le confier à la terre, que lorsqu'elle n'en n'a plus à craindre de tardives. Vous n'ignorez pas non plus qu'il veut une terre bien ameublie. Les sols frais, schisteux et siliceux lui conviennent le mieux ; il redoute beaucoup un semis trop épais : un hectolitre de graine suffit pour un hectare.

LE RECTEUR. — Dans une partie du Morbihan et de la Loire-Inférieure, on se procure à un prix assez élevé de la charrée qui vient de Bordeaux, du Hâvre et d'autres ports, pour être appliquée principalement au sarrazin sur défrichement de pâturages.

YVON. — Cet amendement est, en effet, bien placé là, parce qu'il aide à la décomposition du gazon ; et ce soin de tirer ainsi de pays éloignés des matières améliorantes dénote beaucoup de sollicitude : néanmoins une agriculture avancée ne devrait pas avoir besoin de pareils secours.

LE RECTEUR. — Je suis assez de ton avis.

YVON. — Vous savez que nous possédons deux variétés de sarrazin.

LEBRAS. — En effet, l'une a le grain plus petit, plus arrondi, à peau fine, d'un gris cendré : sa farine est la plus estimée.

YVON. — Nous la connaissons particulièrement, sous le nom de blé noir. L'autre dont le grain est plus gros, plus anguleux et plus foncé en couleur, est moins estimé pour la nourriture de l'homme, on l'appelle proprement sarrazin. Toutes deux sont cultivées ici de la même manière. La seconde rend un peu plus en grain que la première. Au surplus leur produit varie beaucoup d'une année à l'autre, c'est de dix à trente hectolitres par hectare.

J'ai vu en Russie une espèce de sarrazin à petite fleur verte, qu'on m'a dit depuis être plus rustique que le nôtre; mais son grain est très-inférieur en qualité; de plus, il se détache des tiges très-facilement lorsqu'il est mûr.

LEGUEN. — Le nôtre s'égraine aussi fort aisément et si on laissait passer pour la récolte le moment où le plus grand nombre des grains atteignent la maturité, on en perdrait sans doute beaucoup.

LE RECTEUR. — Indépendamment de la nourriture substantielle et saine que nous fournit le sarrazin, sous les noms de far, de bouillies, de galettes, de crêpes, il a encore un titre à notre estime, pour le miel qu'il prodigue à nos abeilles. Honneur donc à cette plante beaucoup trop négligée ailleurs, quoique si utile !

YVON. — Je l'ai classé parmi les améliorantes avec les vesces, féveroles, pois et lentilles, par la raison que ces diverses plantes sont fréquemment cultivées comme fourrage, et que, même récoltées mûres, elles épuisent beaucoup moins que d'autres à proportion de la masse alimentaire produite par leurs grains, ce dont on se rend facilement compte, en voyant les feuilles nombreuses et touffues au moyen desquelles elles tirent de l'air même une portion des sucs destinés à la graine.

AJONC.

Je passe à l'ajonc ou genêt épineux, qui a bien aussi ses qualités précieuses. Combien le bétail se réjouit de trouver, dès le mois de février, dans la lande, ses pousses jeunes et fleuries ! Croirait-on que le cheval hennit de plaisir en entendant le pilon briser les épines de cette plante avant qu'elle ne lui soit donnée !

L'ajonc qui croit spontanément dans les terrains vagues n'est pas tout-à-fait le même que celui que nous semons. Ce dernier, qui sans doute n'est que l'autre perfectionné par la culture, s'élève davantage et est sensiblement moins dur et moins piquant.

On le sème comme le trèfle, au printemps, dans une céréale : il vient très-bien, même sur de fort-mauvais terrains, à l'exception de l'argile presque pur et peut-être aussi des sols trop calcaires.

Vous savez qu'un champ d'ajonc dure un nombre indéfini d'années. On n'a d'autre soin que de le raser de temps en temps pour le rajeunir. Nous faisons fouler alors dans les chemins, ou bien nous brûlons ses tiges dures dont le feu est, par parenthèse, d'une grande chaleur. A son défrichement, un champ d'ajonc se trouve amendé sensiblement.

LEBRAS. — Il est vrai, mais moins qu'un champ de genêt ordinaire.

GENÊT.

YVON. — Ce dernier est, en effet, plus améliorant que l'ajonc ; mais sa tige dédaignée des bestiaux, ne sert que comme litière ou comme chauffage. On le voit souvent couvrir spontanément les champs qu'on laisse sans culture, et il ne contribue pas peu à les améliorer. Les graines de genêt répandues durant les années de repos, se conservent en grand nombre sans germer pendant qu'on cultive le champ, et lorsqu'on l'abandonne de nouveau, les genêts reparaissent. Cet arbuste aime les terrains secs et siliceux ; il croit même dans les plus ingrats, qu'on ne saurait utiliser et améliorer d'une manière plus simple qu'en l'y semant dans une céréale comme l'ajonc.

LE RECTEUR. — Je vous remercie, mes enfants, de m'avoir ramené jusqu'au presbytère : tout en poursuivant nos études. Je vous quitte et vous laisse libres de vaquer à vos petites affaires, à dimanche prochain les plantes épuisantes.

YVON. — Oui, Monsieur le Recteur.

CHAPITRE SEPTIÈME.

Des Plantes épuisantes.

BLÉ.

LE RECTEUR. — Au moment de suivre Yvon dans l'étude des plantes épuisantes, en tête desquelles figure le blé, admirons, mes amis, la sage prévoyance de Dieu qui a voulu que ce végétal, le mieux approprié à nos besoins, pût croître dans tous les climats. Il ne paraît exister nulle part à l'état sauvage ; il a donc été spécialement créé pour l'homme qui l'a cultivé dès les premiers âges aux lieux qui furent le berceau du genre humain.

Ainsi, d'après la genêse, Dieu en chassant Adam du paradis terrestre, lui dit, comme je

9*

vous l'ai déjà rappelé : *tu mangeras ton pain à la sueur de ton front.* Plus tard, en faisant alliance avec Noë, il lui dit : *Tant que durera la terre, la semence et la moisson ne cesseront point de s'entre suivre.* Dans la suite de la Bible, le blé, la farine, le pain avec et sans levain, les gâteaux cuits sous la cendre sont cités plus d'une fois. Enfin les monuments profanes se trouvent sur ce point parfaitement d'accord avec les livres saints. J'indiquerai entr'autres les antiques peintures découvertes par nos savants, dans l'île de Phylé en Egypte, et où les travaux relatifs à la culture du blé sont clairement représentés. Je posséde le dessin de ce curieux tableau, je vous le ferai voir à notre retour.

YVON. — Nous l'examinerons avec un vif intérêt, Monsieur le Recteur.

La culture dont il s'agit est très avantageuse principalement pour le cultivateur sage et prudent, qui, sachant que le blé épuise le sol, n'en sème point sans s'être précautionné d'avance par la culture de plantes fourragères. Le laboureur, au contraire, qui sème blé sur blé, souille et ruine son champ. La seconde récolte doit manquer même le plus souvent ; car cette plante est une de celles qui craignent le plus de reparaître sur une terre deux années de suite.

Placée sans fumier, après une récolte améliorante bien fumée, comme c'est le cas pour les assolements alternes, le blé se trouve dans les meilleures conditions : le produit même en est bien plus certain que celui du blé sur lequel le fumier (et principalement le fumier nouveau) est appliqué sans intermédiaire.

LEBRAS. — Tu as parfaitement raison, mon cher Yvon, aussi dans nos cultures, et sans doute il en est de même à peu près partout en Bretagne, appliquons-nous la plus grande partie possible de nos fumiers au sarrazin qui précéde le blé. J'ai plus d'une fois remarqué que les champs de blé fumés annoncent, il est vrai, d'abord une végétation plus active que ceux de blé semés sans fumier sur sarrazin fumé ; mais que cette supériorité ne se soutient plus au moment de la formation de la tige ; qu'ils sont beaucoup plus sujets à la rouille et à la carie, et que le produit en grain est souvent moins considérable.

YVON. — Ce que tu viens d'expliquer, Lebras, indique que tu as observé. Tu peux donc juger par expérience de la supériorité des assolements alternes, puisque, suivant les règles qu'on observe pour eux, le blé se trouve dans les meilleures conditions, en même temps-

qu'on obtient de la terre d'abondantes masses de fourrages et de racines, qui se transformeront en engrais et en viande, de manière à augmenter fortement nos subsistances.

Ce fait est si vrai que les contrées comme la France où l'on applique exclusivement presque partout les engrais au blé, sont les plus sujettes à en manquer. Sous ce même rapport, la Bretagne est beaucoup mieux. Ainsi, avant de quitter le service, à l'époque de la disette de 1816 à 1817, j'ai constaté par moi-même que le pain qui se vendait 13 et 14 sous la livre dans les contrées de l'est les plus renommées pour la production du blé, ne se payait que 7 à 8 sous dans toute la Bretagne, d'où cependant on tirait des grains par mer, pour quelques unes des provinces voisines.

Les variétés de blé froment sont nombreuses; on peut les diviser en deux grandes classes, blés barbus et blés sans barbes. Chaque variété se subdivise elle-même en variété d'automne et variété de printemps. Tout blé d'hiver devient blé de mars, si on le sème au printemps plusieurs fois de suite, et réciproquement pour ceux de mars.

Les blés barbus sont plus rustiques que les autres; ils ont le grain moins fin, la tige plus dure et plus solide et sont moins sujets aux maladies. Aussi les doit-on semer de préférence dans les gazons défrichés où les blés sans barbe s'emmiellent souvent.

A richesse égale, le sol qui convient le mieux au blé d'automne est la glaise calcaire. Il se plaît aussi dans les glaises argileuses. Le blé de mars aime assez les sols siliceux et légers, pourvu qu'ils soient frais et de bonne nature.

Dans le centre de la Bretagne, à Pontivy, au Guéméné, où les terres sont presque toutes de ce genre, on ne cultive guère que le blé de mars, et on obtient certainement de meilleurs produits que si on mettait en place du froment d'automne. Les cultivateurs ont soin du reste de semer ce dernier dans le petit nombre de champs argileux situés au bas des vallées. Le blé de mars réussit particulièrement bien après la pomme de terre. Il n'en est pas de même du blé d'automne, comme j'ai déjà dit.

Dans notre climat que le voisinage de la mer rend doux, même en hiver, le blé d'automne demande à être semé assez tard, comparativement du moins aux contrées où les gelées sont fortes. La deuxième quinzaine d'octobre me paraît être ici le moment le plus favorable, et je ne crois nullement avantageux d'attendre, comme on fait souvent, le mois de novembre, et à bien plus forte raison, le mois de décembre.

LE RECTEUR — Cette douceur de température me paraît bien précieuse, en ce qu'elle permet de cultiver plus tôt et plus tard que dans beaucoup d'autres parties de la France.

YVON. — Vous avez raison en ce sens, M. le Recteur, mais aussi la destruction des mauvaises herbes en devient plus difficile.

On connaît plusieurs manières d'opérer aux semailles de blé. La plus usitée en Bretagne consiste à former à la charrue les petits sillons qu'on ensemence, et à recouvrir le grain semé avec de la terre prise dans les raies qui séparent les billons. Je vous ai signalé les désavantages de cette culture. Le mieux serait d'enterrer, sur un sol disposé en planches après un labour, la semence à la herse ou par un léger labour, ou bien encore par un trait d'extirpateur. Ces deux dernières cultures conviennent surtout aux terrains secs où la semence aime à être enterrée profondément.

Enfin on peut semer en lignes et enterrer tout à la fois le blé avec des semoirs d'un ingénieux mécanisme, qui produisent une grande économie de semence; mais je n'oserais affirmer qu'on récolte toujours autant en grain et en paille. On se livre actuellement à des expériences qui éclairciront tous les doutes à cet égard.

La quantité de blé à mettre sur un hectare dans un semis à la volée dépend de l'époque des semailles et de la nature du sol. Moins la saison est avancée et plus le sol est riche, plus on peut semer clair. Un sol profond comporte un semis plus épais qu'un sol superficiel, parce qu'à étendue égale il peut nourrir un plus grand nombre de pieds. Le cultivateur doit plutôt craindre de semer trop épais, car dans ce cas il nuit singulièrement à la récolte et vide deux fois son grenier. La quantité moyenne de semence à employer pour un hectare est de deux hectolitres; un peu plus pour le blé de mars.

Les champs de blé demandent à être parfaitement égouttés. On ne doit épargner aucun soin pour en obtenir le complet assainissement. Lorsque le sol est bien ressuyé, au mois de mars et d'avril, une opération des plus salutaires au blé, c'est un hersage énergique donné avec la herse à dents de fer.

LEBRAS. — En effet, tu as déchiré au printemps avec la herse des champs dont le blé avait pour ainsi dire disparu. Cependant, je les ai vus depuis devenir très-beaux; j'avouerai que cela m'a fort étonné et m'étonne encore.

YVON. — La herse déracine bien quelques pieds, mais en petit nombre. Si tu avais examiné de près tu aurais vu que beaucoup de plants qui semblent arrachés tiennent néanmoins par des radicules. De nouvelles racines se développent alors avec d'autant plus de vigueur, qu'elles rencontrent une terre ameublie. De plus le sol se trouvant bien divisé à la surface reçoit parfaitement les influences de l'air qui sont si favorables à la décomposition de l'humus.

Le moment le plus critique de la végétation du blé, est celui où les tiges vont monter, environ vers le mois de mai. Alors disparaît souvent la beauté apparente de certains champs fumés; on en voit, au contraire, d'autres prendre une vigueur nouvelle, qui jusques là n'avaient rien de remarquable.

A ce moment si intéressant de la végétation, rien de mieux que d'en soutenir la vigueur par l'application d'engrais actifs sous un petit volume comme le noir animal, la poudrette, la colombine. En bonne culture, un blé ne doit jamais être assez sale pour qu'il soit nécessaire de *l'esherber* entièrement. Il peut cependant y avoir des nielles, des chrysantèmes dorés, et autres grosses herbes malfaisantes qu'il ne faut jamais négliger d'enlever.

Le blé destiné à la consommation, doit être coupé au moment où le grain non encore tout-à-fait dur, n'est pourtant plus en lait. Plus

mûr, il s'égrénerait très-facilement et serait
moins estimé pour la mouture. Ainsi coupé,
le blé avant d'être remis au battu, veut achever sa maturation sur le champ, et pour cela
rien de mieux que de le mettre en moyettes.
Ce qui consiste à établir d'abord quatre gerbes

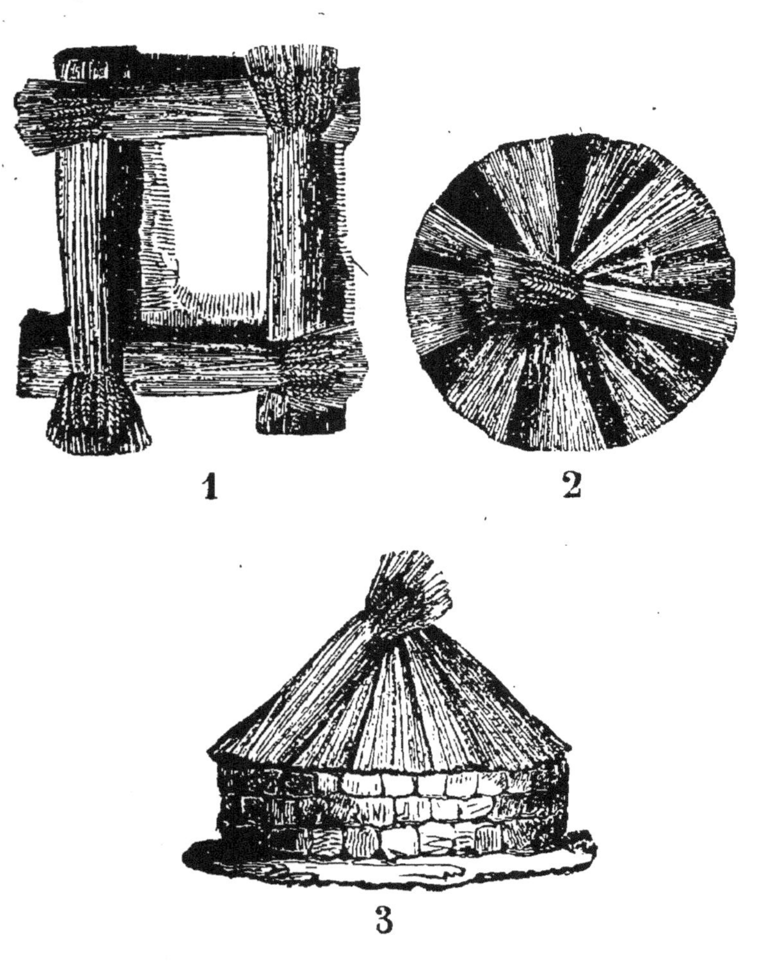

1

2

3

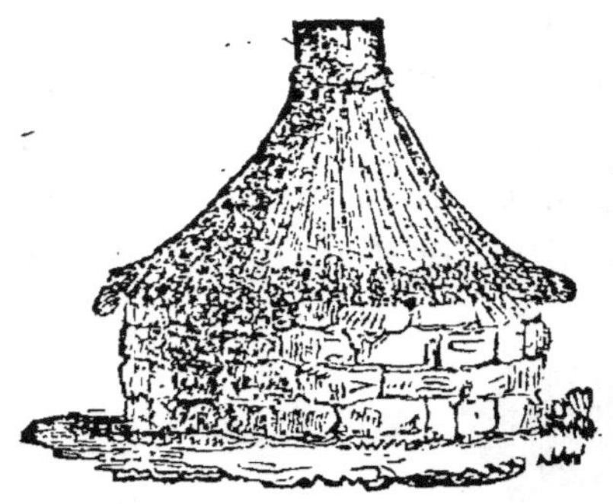

4

en carré, l'épi de chacune appuyé sur le lien de l'autre, et à placer en rond, l'épi en dedans, les javelles sur cette base. A une certaine hauteur on croise peu à peu les épis de manière à finir coniquement la moyette qu'on termine par une gerbe renversée dont on étale les épis sur le pourtour. Cette façon de procéder met la récolte entièrement à l'abri des mauvais temps et fait acquérir au grain beaucoup de qualité.

LEGUEN. — Mais cela n'exige-t-il pas un travail considérable ?

YVON. — Ce travail n'est rien auprès de l'avantage de sauver sa récolte et d'avoir de très-bon grain. Vous autres, que faites-vous pour empêcher les pluies si fréquentes de compromettre par trop vos moissons ?

LEGUEN.—Nous scions nos grains très-haut et les laissons arriver à maturité sur le chaume élevé qui tient l'épi soulevé pour l'empêcher de germer facilement.

YVON. — En dépit de ces précautions qui vous obligent ensuite à un second travail, le fauchage du bas de la paille, que de soins ne vous faut-il pas encore lorsque le mauvais temps vient vous contrarier? le grain séché ainsi, même par un beau temps, n'a jamais la qualité qu'il aurait s'il achevait en tas sa maturité, et à bien plus forte raison s'il reçoit des averses..

LE RECTEUR. — Ne serait-ce pas à cause de cette circonstance que les grains produits par la Bretagne, notamment ceux des Côtes du Nord d'où l'on en exporte le plus, passent pour avoir moins de qualité que les grains provenant d'autres pays?

YVON. — Sans aucun doute, M. le Recteur. Un autre usage qui compromet singulièrement nos récoltes et leur qualité, c'est celui de battre tout immédiatement et à l'air, sans avoir le moindre abri pour les cas de mauvais temps; sans même faire de meules, dans le but de mettre une partie de la récolte en sûreté, tandis qu'on s'occupe du reste. Le mauvais temps, néanmoins, est d'autant plus à redouter que les travaux de la moisson sont allongés par les détails accessoires du battage. Je ne connais que Saint-Brieuc où l'on soit dans l'habitude de disposer le grain en meules ou moyettes.

LEBRAS. — Je l'ai remarqué, en effet, un jour que j'eus l'occasion de passer par là au moment de la moisson.

LE RECTEUR. — Pourquoi n'avoir pas fait de même depuis cette époque? C'est une suite de cette fâcheuse incurie qui est l'un des défauts de nos bons paysans.

LEBRAS. — L'habitude a tant de forces, M. le recteur! j'ai aussi reconnu qu'on arrache le blé au lieu de le scier, et qu'on coupe ensuite le bas des tiges avec de grandes faucilles avant de lier les gerbes.

YVON. — C'est afin que le sol soit plus net et mieux ameubli pour la culture des choux qui suit immédiatement.

Mettant à part ce fait exceptionnel, vous jugez sans peine, mes amis, combien vos procédés de récolte, qui sont ceux de toute la Bretagne, sont défectueux par leur lenteur: aussi vous vous souvenez que l'année dernière où vos moissons ont souffert d'une manière si notable, mes blés coupés beaucoup plus vite à l'aide de la faulx, étaient en meules ou en moyettes, c'est-à-dire, en sûreté, quand a paru le mauvais temps.

Le RECTEUR. — Allons mes enfants il faut sortir de l'engourdissement, et se donner un peu de peine pour faire mieux.

LEBRAS. — Je n'aurais jamais cru qu'on pût ainsi couper le blé à la faulx sans l'égrainer beaucoup : mais tu nous as montré par ton exemple que cet instrument garni de baguettes n'égraine pas, lorsqu'on rejette l'andain contre le blé non fauché, et qu'une ramasseuse le dispose immédiatement en javelles.

LE RECTEUR. — Deux personnes abattent ainsi autant de grain que huit avec des faucilles.

YVON. — Sans aucun doute.

Le blé destiné à la semence doit être pris dans un champ dont les épis soient long, gros, bien nourris. Il faut aussi ne les couper qu'à parfaite maturité. Enfin, tous les grains maigres doivent en être séparés au moyen du crible après le battage; car une laide semence ne produirait qu'un grain défectueux.

Vous savez très-bien que le blé est sujet à diverses maladies. L'une nommée *rouille*, attaque la tige qui se couvre d'abord d'une humeur légèrement sucrée, et qui noircit ensuite en même-temps que la formation du grain s'arrête. Le charbon détruit absolument toute apparence de grain, en produisant à sa place une poussière noire qui tombe le plus souvent avant la moisson. Enfin la *carie* remplace aussi le grain par une poussière noire qu'on récolte, parcequ'elle reste enveloppée d'une peau qui ne crévant qu'au battage, laisse échapper alors cette poussière dont le bon grain se trouve plus ou moins noirci, ce qui lui enlève de son prix, attendu que le pain qu'on en tire devient terne et moins agréable au goût.

L'expérience avait fait reconnaître que l'emploi d'une laide semence, l'application au blé de fumiers récents, et une température humide, favorisaient la propagation de ces maladies, et que la carie la plus funeste des trois était le plus souvent héréditaire.

La science alors rendit d'importants services en trouvant en partie la cause de ces altérations du blé; et, la cause trouvée, on put appliquer des remèdes.

On découvrit que cette poussière noire répandue sur la surface des tiges rouillées, et celle qui prend la place du grain dans les cas de charbon et de carie, constitue la semence de végétaux parasites du genre des champignons, lesquels vivent dans l'intérieur de la plante à ses dépens et y fructifient.

Il était naturel de penser que les germes de ces étranges végétaux, s'introduisaient dans le blé par ses racines, et que la production de ces germes, ou la germination de ces graines, ainsi que l'introduction de la jeune plante dans le blé, pouvaient dépendre de la température, de l'humidité, de l'état du sol, et d'autres circonstances accessoires.

Eteindre la vie dans ces semences, tel était le but qu'il fallait se proposer alors pour remédier au mal. Du reste, il n'était possible d'opérer que sur ceux qui sont répandus sur la surface des grains à semer. On eut recours pour cela à la chaux, à différents sels, et on obtint des résultats satisfaisants, tout-à-fait à l'appui des théories établies d'avance. Des cultivateurs qui souffraient beaucoup de la carie remarquèrent qu'en suivant les procédés indiqués, ils se mettaient à l'abri du mal, lequel reparaissait dès qu'on cessait de les employer.

LEGUEN. — Bien que la théorie à champignons me semble fort embrouillée, indique-nous, je te prie, quelques uns de ces procédés dont je suis disposé à faire essai, car mes pauvres blés sont presque toujours cariés.

YVON. — Tu placeras la semence dans un cuvier contenant de l'eau, où tu auras fait dissoudre deux livres de chaux et trois onces de sel, pour chaque hectolitre de grain. Tu t'arrangeras de manière à ce que l'eau recouvre ce dernier de quelques pouces, et tu enlèveras tous les grains légers qui viendront nager à la surface. Une fois que le blé aura trempé ainsi vingt-quatre heures, tu le retireras et le mettras en tas pour l'égoutter, et tu auras soin de le remuer souvent de peur qu'il ne s'échauffe.

LE RECTEUR. — Voilà un procédé fort simple assurément, et d'un emploi facile : n'en pas faire usage serait une faute impardonnable que nous n'aurons pas, j'espère, à reprocher à Leguen aux semailles de cet automne.

LEGUEN. — Non, je vous le promets, M. le Recteur.

SEIGLE.

YVON. — Un autre céréale, mes chers amis, fort intéressante pour les contrées pauvres c'est le seigle. Quoique d'une moindre valeur que le blé, il donne cependant un pain très-nourrissant. La paille en outre est précieuse par sa solidité qui la fait rechercher pour diverses industries.

Le seigle se plaît dans les sols secs et brûlants où le blé ne peut prospérer. En revanche, il redoute les terrains humides et froids, et exige le plus parfait assainissement.

LE RECTEUR. — Il forme le principal produit en grain d'une grande partie du Morbihan vers Auray, Vannes, Lorient, aussi bien que du centre du Finistère, y compris le pays d'Arrek. Dans beaucoup d'autres parties de notre province où le seigle n'entre pas en cultures réglées, on en sème néanmoins avec succès sur écobuage de landes. Tu en avais l'année dernière un fort beau traité de cette manière, Lebras.

LEBRAS. — Cela est vrai, M. le Recteur, et je m'applaudis que vous l'ayez remarqué.

YVON. — Dans les assolements alternes, le seigle remplace les blés sur tous les sols secs et légers, ou celui-ci manquerait le plus souvent; on doit le semer aussi plus tôt. La réussite n'en est jamais plus assurée dans un terrain meuble à la surface, que lorsque l'on ensemence le champ sur un vieux labour.

Aux environs de Pontivy où le seigle succède au sarrazin pour lequel le sol a été divisé en billons de deux ou trois pieds de largeur, on applique, pour le seigle, sur un billon que l'on ne laboure pas, les deux moitiés des billons voisins, et l'expérience prouve qu'en labourant tout le terrain, il viendrait moins bien.

Les soins de culture et de récolte, ainsi que les proportions de semences, sont les mêmes que pour le blé. Le grain du seigle se trouve fréquemment remplacé par une substance pulpeuse et allongée qu'on appelle *Ergot*, et qui est un véritable poison.

Le seigle enterré en fleur forme un excellent engrais végétal. Coupé à la même époque ou quelque temps avant, il donne un fourrage qui, quoiqu'un peu dur, n'en est pas moins goûté des bestiaux, comme un des premiers fourrages verts. Après cette coupe, on a encore le temps de semer dans le même champ du sarrazin, des navets, des pommes de terre.

Le seigle a aussi sa variété de printemps qui ne diffère de celle d'automne qu'en ce que la tige a un peu moins de taille, et qu'elle donne généralement moins en produit.

Maintenant je passe à l'orge, de toutes les céréales la moins cultivée en Bretagne.

ORGE.

LE RECTEUR — Je ne sache pas qu'on la sème en notable quantité ailleurs que dans les Côtes du Nord.

YVON.—L'Orge, en effet, préfère à tous les autres les glaises calcaires à sous sol perméable. Elle exige en outre une terre abondante en humus et bien ameublie. Parmi les nombreuses variétés, il en est cependant deux, la petite orge à deux et à quatre rangs, qui réussissent dans les sols de qualité inférieure. La variété cultivée en Bretagne, est la grande orge plate à deux rangs. Il en existe une autre à six rangs ; chaque variété à deux, à quatre et à six rangs a plusieurs sous-variétés dont la plus remarquable n'a point de peau adhérente, mais est nue comme le riz et se nomme à cause de cette particularité orge nue ou céleste.

La variété d'orge d'hiver la plus répandue, variété à six rangs connue sous le nom d'escourgeon, demande à être semée à la même époque que le seigle ; comme ce dernier, elle peut donner un fourrage vert aussi précoce et de meilleure qualité.

Les orges de printemps peuvent être semées jusqu'en mai. Les quantités de semence à employer et les soins de récolte sont les mêmes que pour le blé, c'est-à-dire, qu'on gagne beaucoup plus à faucher l'orge et à la mettre en moyettes, qu'à la couper haut avec la faucille. La feuille tendre et cassante, lui faisant craindre tout hersage, on ne doit procéder à cette opération qu'avec beaucoup de prudence.

L'assainissement le plus parfait de la terre est indispensable à toute bonne culture de cette céréale, après laquelle nous allons traiter l'avoine.

AVOINE.

LEGUEN. — Ah ! parlez-moi de ce grain ! cela vient sans grand travail, et nous faisons avec sa farine une excellente bouillie qui est du goût de tous les francs bretons.

YVON. — Bien que plus rustique que l'orge, elle donne quelque produit avec une culture négligée, néanmoins elle paie toujours les soins du cultivateur.

On peut faire deux classes des nombreuses variétés d'avoine, la noire et la blanche ; ni l'une ni l'autre ne résiste bien pendant l'hiver aux fortes gelées : aussi ne la sème-t-on en automne avec avantage que dans les climats doux comme le nôtre.

LE RECTEUR. — Ici, les variétés d'automne doivent passer à celles du printemps d'une manière presque insensible.

YVON. — Sans doute, à raison du rapprochement des époques de semailles, puisque l'avoine d'hiver peut être semé jusqu'en décembre, et que celle de printemps est mise en terre le plus souvent en février. La première est d'un produit généralement plus élevé que la seconde.

Mieux que toute autre plante, à l'exception peut-être du sarrazin, l'avoine s'accomode de l'humus acide : aussi convient-il d'en semer sur un seul labour dans les défrichements de gazon de mauvaise nature.

LE RECTEUR. — Je connais du côté de Ploërmel des communes pauvres où le produit se borne à l'avoine et au sarrazin.

YVON. — Ici la disposition des terres en sillons étroits rend difficile le fauchage de l'avoine, et force le plus souvent à la couper à la faucille. Mais sur des champs unis, rien de plus expéditif et de plus avantageux que la faulx garnie de crochets. L'ouvrier en coupant l'avoine, l'enlève sur les crochets et la dépose en andains réguliers. Une fois coupée, elle aime à achever sa maturation sur le champ, et alors un peu de pluie favorise le perfectionnement du grain. Mais une humidité continue la fait germer et détériore la paille. Le cultivateur diligent doit donc, dès que l'avoine a passé quelques jours étendue, la remettre sans retard.

LE RECTEUR. — Par suite de la mauvaise habitude de n'avoir pas le moindre abri pour les grains et de n'en jamais faire de meules,

10*

nous sommes obligés de disposer sur le champ même les avoines en faisceaux dressés et liés par le haut, et elles restent ainsi jusqu'à ce qu'on puisse les battre, sauf à les relever si le vent les renverse. C'est là un inconvénient déplorable. Combien ne devons-nous pas souhaiter que les propriétaires et fermiers s'entendent pour y remédier? Le moindre hangar ajouté aux bâtiments d'une métairie serait déjà une amélioration sensible.

YVON. — Assurément, M. le Recteur. Le produit de l'avoine varie de 20 à 70 hectolitres par hectare. Le terme moyen de semence à employer sur la même étendue est de 250 à 300 litres.

LE MILLET.

Le millet ou mil, quoique très-inférieur aux céréales dont nous venons de nous occuper, doit fixer aussi notre attention, au moins quelques instants, attendu qu'on le cultive en Bretagne : les habitants du Bas Morbihan en font même leur principale nourriture. Un des assolements le plus généralement suivi pour cette culture est celui-ci :

1re année, seigle fumé ou sur écobuage.

2me année, mil fumé.

3me année, seigle ou avoine.

4ᵐᵉ année, quelquefois encore avoine.

Plusieurs années de pâturage.

C'est le millet paniculé qu'on cultive dans ces contrées. Il sert à faire des bouillies, des galettes, comme le sarrazin chez nous. Il demande un sol léger, amélioré avec du fumier bien consommé, et net d'herbes vivaces.

On le sème en mai. Le mieux est d'enterrer la graine avec une herse légère, et de passer ensuite le rouleau si le temps est sec. Lorsqu'il est bien levé, on le bine, et on l'éclaircit au moyen d'un ratissoir étroit et recourbé qu'on fait passer entre deux terres.

La récolte doit se faire à la faucille et avec précaution, car cette plante s'égraine facilement. Il convient de la battre de suite. Sa feuille est une excellente nourriture pour le bétail. Le produit moyen d'une terre bien cultivée est d'environ quinze hectolitres par hectare.

LE RECTEUR. — Assurément, Yvon, tu ne donnes pas comme modèle à suivre l'assolement que tu viens d'indiquer à propos de millet ?

YVON. — Non, très certainement, M. le Recteur ; j'indique simplement un état de choses. Cet assolement est contraire aux règles d'une saine culture, ainsi qu'aux premiers éléments de physiologie végétale, puisqu'il présente une succession de quatre céréales de suite. Je ne puis que vous renvoyer sur ce point à ce que nous avons dit sur les assolements raisonnés.

Nous venons, mes amis, de faire la revue des diverses céréales dont la culture peut nous intéresser.

LE RECTEUR. — Eh bien! passons de suite aux autres plantes épuisantes dont le commerce et l'industrie recherchent les produits. Nous avons le temps de les étudier avant le terme de notre promenade.

YVON. — Très-volontiers. Je commencerai cet examen par les plantes de la graine desquelles on extrait l'huile.

LEBRAS. — Comme le colza qui est passablement répandu aux environs de Saint-Mâlo.

COLZA.

YVON- — C'est cela même.
Ces diverses plantes, surtout celle qui vient d'être nommée sont très-productives; mais elles épuisent fortement le sol. Je n'en puis conseiller la culture que lorsque les terres sont améliorées de longue main par des assolements alternes abondants en racines et en plantes

fourragères. Les cultivateurs du littoral font du reste très-bien d'employer la richesse acquise au moyen des engrais de mer, pour obtenir de telles récoltes, aussi bien que celles non moins précieuses des lin, chanvre, tabac, houblon, etc.

Le colza est à proprement parler, le choux à son état le plus naturel, comme la navette est le navet, et le senevé blanc, la rave. Il existe deux variétés de colza, l'une se sème avant l'hiver, l'autre au printemps : toutes deux réclament un sol fertile et profond. Dans les exploitations riches en engrais, le colza d'automne peut très-bien être mis en tête d'assolement comme culture sarclée, attendu qu'on est maître de le semer ou repiquer en lignes assez espacées pour que la houe à cheval épargne tout travail à la main des hommes.

Le mode de repiquage le plus avantageusement employé est celui que je vous ai déjà indiqué pour les ruthabagas. Les semis en lignes se font au semoir ; ainsi cultivé, le colza donne toujours de plus abondants produits que semé à la volée ; il a en outre l'avantage de laisser un sol net, ameubli et bien disposé pour les récoltes subséquentes.

Les pépinières de colza à repiquer doivent être particulièrement bien préparées et fumées, car une telle production de plants épuise fortement le sol. On doit également les semer plus tôt que les champs de colza, afin que le plant ait la force de reprendre sans trop souffrir. Le milieu de juillet est l'époque la plus favorable, tandis qu'on peut retarder jusqu'en août les semis sur place.

Les colzas doivent être parfaitement assainis en hiver; car la moindre humidité jointe aux gelées les détruit. Le plus souvent un premier sarclage avant l'hiver, et un second au printemps sont nécessaires.

Le moment de la récolte est arrivé lorsque les grains noircissent, quoique la gousse soit encore verte. Pris plus tard, le colza s'égrénerait avec la plus grande facilité et l'on perdrait beaucoup. Une fois coupé à la faucille le mieux est de le mettre immédiatement en meulons ou tas coniques, le pied des tiges en dehors. Il perfectionne ainsi très-bien son grain, sans craindre les pluies, principalement si on a eu le soin de couvrir les meulons de paille ou de litière. Au bout de huit ou dix jours, le colza peut être battu sur le champ dans des draps ou transporté sur l'aire. Les voitures ou civières employées pour cela doivent être garnies de toile. Le produit d'un hectare de colza d'automne bien traité peut être de vingt-cinq hectolitres par hectare.

COLZA DE PRINTEMPS.

Celui de printemps rapporte beaucoup moins ; je le crois aussi plus chanceux. On le sème le plus souvent en place ; ce doit être dans notre climat en mars ou avril. La culture et la récolte en sont, du reste, semblables à celles du colza d'automne.

NAVETTE.

Il en est de même à peu près de la navette. Un peu plus rustique et d'une végétation plus prompte que le colza, cette plante qui s'en distingue au premier abord par des feuilles d'un vert moins glauque, donne aussi une graine de moindre qualité. Il en existe également deux variétés, l'une d'automne qu'on sème du 15 août au 15 septembre ; l'autre de printemps ou pour mieux dire d'été, qu'on sème en juin, pour en récolter le produit trois mois après. Cette dernière, quoiqu'assez chanceuse, est la plus rustique de toutes les plantes oléagineuses. On peut sans inconvénient la semer à la volée, en raison de sa végétation rapide qui la met à même de se passer de sarclage.

MOUTARDE BLANCHE OU MOUTARDON.

La moutarde blanche ou moutardon, autre plante dont la graine traitée à froid donne une huile très-bonne à manger, se sême en avril comme le colza de printemps; si elle s'égraine difficilement, d'autre part elle produit beaucoup moins.

LEBRAS. — N'est-ce pas cette plante dont tu as nourri en vert, l'an dernier, ton bétail au mois de décembre?

YVON. — Justement. Semé au mois d'août dans un sol riche ou bien fumé, le moutardon donne en automne et même jusque dans l'hiver, un fourrage très-aimé des bêtes à cornes.

MOUTARDE NOIRE.

La moutarde noire est aussi dans certaines contrées cultivée pour sa graine très-oléagineuse : mais elle a le défaut de souiller fortement le sol qui l'a produite.

PAVOT.

Le pavot qui fournit à nos tables une huile estimée, tout en renfermant dans sa capsule un poison des plus subtiles, est dans plus d'une localité l'objet d'une culture avantageuse.

LE RECTEUR. — Je ne sache pas qu'on s'en occupe nulle part en Bretagne.

YVON. — Cependant, Monsieur le Recteur, quelques mots sur cette plante ne seront pas sans intérêt.

LE RECTEUR. — Non sans doute.

YVON. — On sème le pavôt le plus tôt possible, après l'hiver, dans une terre riche, profonde, nette, bien ameublie et abritée des grands vents. Deux livres et demie de graine suffisent pour un hectare, et cette graine très-fine doit être répandue de la manière la plus égale. Lorsque les pavôts sont bien levés, on les bine en les éclaircissant de telle sorte que les pieds soient à huit pouces environ l'un de l'autre. Dès que la graine est mûre, on coupe les tiges près de terre, et on les lie en bottes serrées vers les capsules. Il convient de placer ensuite ces bottes dans un lieu couvert où elles achèvent de sécher. On les bat au moyen du fléau. Vous comprenez sans peine qu'on doit se garder de semer la variété dont la capsule s'ouvre en mûrissant; car la récolte en serait impossible. Le produit d'un hectare bien traité peut être de 12 à 16 hectolitres.

Occupons-nous maintenant des deux plantes textiles, le chanvre et lin, qui sont cultivées avec avantage dans ce climat.

11

LIN.

LE RECTEUR. — Quel présent du ciel que ces deux plantes ! l'une d'elles, le lin, est connue de toute antiquité : car nous lisons dans la Sainte Ecriture que, dès l'époque du séjour des Israélites dans le désert, les tuniques des prêtres étaient faites de lin.

De l'orient il a été apporté dans l'occident où il est l'objet le plus avantageux de la culture dans plusieurs contrées, notamment sur le littoral de la Bretagne du côté de Tréguier et de Lannion.

YVON. — Cela est parfaitement vrai, M. le Recteur : voici l'assolement le plus suivi dans la localité que vous venez de désigner, et où tous les labours sont approfondis à la bêche.

1re année, sarrazin fumé.
2me » froment.
3e » lin fumé.
4e » froment.
5e » orge fumé.
6e » avoine.

Quelquefois une 7e année, lin fumé.

Cet assolement très-épuisant qui ne peut se soutenir qu'à l'aide de nombreux engrais de mer, serait mieux selon les règles que nous avons établies, si une culture améliorante telle que le trèfle prenait la place de l'orge fumé de la cinquième année.

Le lin s'y sème en automne, non sur billons, car il ne s'y soutiendrait pas, mais à plat, ainsi que je l'ai déjà dit, après deux ou trois labours dont le premier a été fortement approfondi à la bêche derrière la charrue. Le sol de ces contrées est siliceux à silice fine et frais : je crois qu'un terrain de cette espèce bien défoncé et riche en humus convient le mieux au lin.

LEBRAS. — Les cultivateurs de Tréguier ne font-ils pas venir leur semence de Russie?

YVON. — En effet, ils renouvellent ainsi leur graine tous les deux ou trois ans au plus. Sans cette précaution, le lin dégénérerait promptement, et n'aurait pas cette beauté de végétation et cette finesse qui lui donne une réputation méritée.

Le lin cultivé dans le reste de la Bretagne est le lin ordinaire du pays reproduit par sa propre graine qu'on sème au printemps. Il reste infiniment plus petit que le premier et procure des tissus moins fins.

Toute espèce de lin veut un sol riche, ameubli et net. La semence doit être peu enterrée. Une fois la plante levée, il est indispensable de l'*esherber* avec soin et précaution.

Vous savez, mes amis, que le lin s'arrache, et qu'il est soumis ensuite à des manipulations trop connues pour qu'il soit utile de les indiquer ici.

CHANVRE.

J'en dis autant du chanvre qui demande peut-être un sol encore plus riche que le lin. Un ameublissement parfait, une absence totale d'herbes parasites, lui sont également nécessaires. Mais aussi, une fois semé, ce qui a lieu vers le 15 mai, sa végétation rapide le met à même de se passer de sarclages. Dès que la floraison est achevée, il faut se hâter d'enlever les pieds mâles devenus inutiles et qui perdraient chaque jour de leur qualité. La récolte des pieds femelles se fait quelques temps après, lorsque la graine est mûre. On les dresse sur le champ en faisceaux qu'on lie par la tête et qu'on couvre de quelque litière ou d'herbe sèche, pour préserver la graine de la voracité des oiseaux qui en sont très-avides. Vous savez que les graines de chanvre et de lin donnent une huile employée dans les arts.

Il est encore, mes amis, plusieurs plantes dignes de l'intérêt du cultivateur, mais seulement dans les contrées où il trouve un débouché facile pour leurs produits. Je vous citerai le cardon à foulon ou cardère dont la

...ête est employée par les bonnetiers ; la garance, la gaude, le safran, le pastel qui fournissent des couleurs, rouges, jaune et bleue ; la chicorée dont la racine torrifiée et moulue imite le café, mais qui de plus est recommandable comme prairie artificielle susceptible d'une assez longue durée et d'un produit abondant, lorsqu'on l'a semée au printemps dans une terre riche et bien préparée.

Quoique la culture de ces plantes soit possible en Bretagne, néanmoins, comme elle n'y existe sur aucun point, et que le débit des produits qu'on en tirerait serait sans doute assez difficile, nous ne nous y arrêterons pas et nous terminerons notre nomenclature des plantes épuisantes par le houblon et le tabac qui ont un écoulement facile presque partout :

> Quoiqu'en dise Aristote et sa docte cabale,
> Le tabac est divin ; il n'est rien qui l'égale !!!

LE RECTEUR. — A cet enthousiasme, je reconnais sans peine un vieux militaire !

YYON. — En effet, M. le Recteur, le tabac m'a bien souvent adouci les heures cruelles des bivouacs d'hiver.

LEGUEN. — Oh ! sans avoir servi sous l'empire, il suffit d'être breton pour aimer le tabac. Il n'est pas quelquefois jusqu'à nos femmes qui ne prennent goût à la pipe. *Butun mad*, bon tabac, est un des mots que je sais de la langue de nos compatriotes de la Cornouaille et du Léon.

LE RECTEUR. — Quant à moi, je réserve mon affection pour le houblon qui entre comme matière indispensable dans la fabrication de toute bonne bierre. Le cidre qu'on boit ici me faisait mal. Le vin ne paraît chez moi qu'aux grands jours. La bierre a remis en équilibre mon estomac souffrant, je donne donc le pas au houblon.

HOUBLON.

YVON. — Cette plante demande pour prospérer un sol très-riche, profond, bien netoyé. Les terrains siliceux d'alluvion à sous-sol calcaire, lui conviennent le mieux.

Pour établir une houblonnière, on défonce aussi avant que possible et on fume fortement. On détermine au printemps les places destinées aux plants de houblon. Elles doivent être espacées de six pieds en tous sens et marquées chacune d'un piquet autour duquel on fait une jauge circulaire où l'on met les plantes en leur laissant au-dessus du sol trois ou quatre yeux, que néanmoins on couvre aussi de terre.

Au bout de trois semaines environ, lorsque

e houblon commence à monter, il faut sarcler
oute la houblonnière et planter les perches
qui doivent être bien droites de quinze à vingt
pieds. En Bretagne, où les vents sont violents et
pourraient renverser ces perches, le mieux
et sans contredit le plus économique, c'est
l'établir sur des piquets de cinq à six pieds de
haut des fils de fer passant de l'un à l'autre,
et le long desquels serpente le houblon. A la
fin de juin, on amoncèle la terre autour des
perches et des piquets.

Lorsque le houblon est mûr, ce qu'on
reconnaît à sa couleur plus brune et à son
odeur aromatique, on coupe les tiges près
de terre, et on fait la cueillette des fleurs
sur le champ, si le temps est beau; s'il est
mauvais, il convient de détacher le houblon
des perches et des piquets et de le porter
sous des hangars aérés où les fleurs sont
cueillies, après quoi on les étend dans un
grenier; on les retourne jusqu'à dessication
parfaite, puis on les met en balles pour les
livrer au commerce. Une houblonnière bien
établie peut durer nombre d'années; il faut
la fumer souvent et fortement.

TABAC.

Le tabac qu'on plante en assez grande
quantité sur la côte, aux environs de Saint-

Malô, exige aussi le sol le plus riche, les
soins les plus minutieux. Je ne saurais mieux
vous donner une idée de cette culture qu'en
vous la décrivant telle que l'on la pratique
dans le pays que je viens de désigner.

On sème le tabac sur couche en Janvier.
Les plants sont repiqués à la distance de trois
pieds au moins en tout sens. Le champ doit
avoir été défoncé à la bêche ou labouré
quatre fois. Chaque tige est placée dans un
espace d'environ un pied quarré creusé dans
le sol, et rempli de fumier bien consommé.
Il va sans dire que les sarclages doivent être
minutieux et complets.

Dès que la plante a dix-huit pouces de hauteur, on coupe le sommet afin que la sève
se reporte sur les feuilles. A partir de ce
moment, on enlève tous les huit jours les
bourgeons qui poussent entre les feuilles, et
les feuilles même qui touchent la terre. Il
n'en reste alors sur chaque pied que cinq ou
six environ, qui prennent un développement
prodigieux. Lorsque les bourgeons sortent du
bas de la tige contre terre, ce qui a lieu
d'ordinaire à la fin d'août, on coupe le tabac,
on le pend sous des hangars pour sécher,
on le presse et on le livre à la régie. Il va sans
dire qu'on laisse monter les pieds destinés à
porter graine : cette dernière ne conserve

ses facultés germinatives que trois ans.

Après cette revue sommaire des plantes qu'on peut avoir intérêt à multiplier, n'est-il pas convenab'e de nous occuper quelques instants de celles qui, plus rustiques et, croissant spontanément, nuisent aux végétaux utiles?

Le cultivateur ne peut trop chercher à les anéantir. Une condition essentielle de toute bonne culture, c'est que cette culture leur fasse guerre à mort. Nulle n'y satisfait mieux que l'assolement alterne, ainsi que je crois vous en avoir convaincus par le raisonnement et par l'exemple des pays qui y sont soumis, des environs de Saint-Brieuc notamment où le sol, quoique très fertile, est tout-à-fait net de mauvaises herbes.

D'un autre côté, rien ne souille plus que des récoltes successives de grains, et l'application des engrais à ces récoltes qui laissent tout arriver à maturité. Les champs cultivés longtemps, d'après ce système, finissent par contenir un si grand nombre de germes de plantes parasites, que plusieurs jachères de suite ne suffiraient pas pour les en débarrasser.

C'est là l'état des terres soumises à l'assolement triennal, bien qu'une année sur trois soit consacrée à les nettoyer : c'est aussi celui de nos terres, à cause des récoltes successives de céréales. Les années de repos avec pâturage ne détruisent qu'une faible partie de ces mauvaises graines qui toutes ont la faculté de se conserver dans le sol un temps assez long, et dont quelques unes peuvent même y rester une suite d'années indéfinie.

De plus, ces plantes nuisibles se reproduisent et fructifient sur les revers des fossés qui nous servent de clôtures, et si on néglige de les couper avant la maturité, ce qui arrive presque toujours par suite d'une insouciance générale, les coups de vent emportent et dispersent les graines sur toute une contrée.

Une dernière circonstance en faveur de la propagation des mauvaises herbes, c'est la multiplicité des enrayures qu'exige la disposition des terres en billons étroits.

Le remède le plus puissant au mal est sans contredit l'adoption de meilleurs assolements, jointe à une disposition plus judicieuse du sol. Il est en outre des opérations de culture par lesquelles on accélère la destruction des mauvaises plantes, et dont le cultivateur doit souvent faire usage, principalement lorsque ses terres sont souillées de longue date : tels sont les labours donnés avant et pendant l'hiver, lesquels exposent au froid les racines des herbes vivaces ; tels sont les labours et hersages énergiques, qui, répétés dans les instants de chaleur et de sécheresse, font périr ces mêmes racines.

Rien de mieux aussi que de favoriser la germination des mauvaises graines par un ameublissement parfait à chaque labour préparatoire, et au labour des semailles des plantes sarclées et fourragères. Enfin une opération par laquelle on détruit toutes les herbes vivaces enracinées dans le sol, c'est l'approfondissement du labour par la bêche, de manière à ce que la croûte enherbée se trouve enfouie à une profondeur telle que les cultures subséquentes ne la retournent pas.

Je crois vous avoir dit que cette opération est fort usitée dans une grande partie des Côtes du Nord et du Finistère. Il serait sans contredit facile, au moyen de la charrue simple, en prenant la raie à deux fois d'exécuter la même chose sans le secours d'ouvriers, ce qui la rendrait bien moins dispendieuse.

À l'aide de ces divers travaux, à l'aide des instruments perfectionnés et d'un assolement alterne, où les cultures nettoyantes auraient une large part, on parviendrait en peu d'années à rendre le sol suffisamment propre pour que les herbes parasites ne nuisissent pas sensiblement.

LE RECTEUR. — On ne peut que ratifier de tous points des conseils aussi parfaitement sensés. J'ajouterai, qu'outre les mauvaises plantes, le cultivateur a encore d'autres ennemis souvent funestes, et de destruction à peu près impossible. Vous comprenez, mes enfants, que je veux parler de ces êtres quelquefois invisibles qui détruisent nos plantes et nos grains.

Ici, une multitude de limaces envahit les champs et les dévore ; là un ver imperceptible ronge sous terre les blés naissants, tandis que le charençon et l'alucite dévastent les grains récoltés. Les chenilles et les hannetons font aux arbres à fruit un tort irréparable, et les larves de ces derniers qui sont les vers blancs, coupent les racines des plantes utiles, notamment du seigle. Si notre climat était moins brumeux, vous connaîtriez la terrible altise qui anéantit souvent des champs entiers de colza, de navets et de choux ; la chenille du papillon blanc, autre ennemie du choux ; les pucerons lanigères qui couvrent quelquefois par myriades nombre de plantes de diverses sortes.

YVON. — Tout cela n'est que trop réel, M. le Recteur. Souvent les pertes que font éprouver ces petits êtres sont incalculables, et le cultivateur, dans bien des cas, ne saurait que se résigner ; car il est bien difficile de combattre de tels ennemis. La meilleure arme que nous ayons pour cela a été préparée par la providence, ce sont les petits oiseaux qui font une guerre continuelle à plusieurs sortes d'insectes. Nous devons donc protéger contre la barbarie des enfants ce peuple aîlé de nos bocages qui se recommande aussi par sa gentillesse et par la mélodie de ses chants.

LE RECTEUR. — Rien de plus utile et de plus humain que ce conseil par lequel Yvon termine la revue d'aujourd'hui.

Comme notre entretien, en se prolongeant, nous a ramenés vers le bourg, venez, mes amis, jusqu'au presbytère, vous rafraîchir avec quelques bouteilles de cette bierre, dont je vous ai fait tout-à-l'heure le sincère éloge.

YVON. — Avec grand plaisir, M. le Recteur.

CHAPITRE HUITIÈME.

Des Prairies, des Terrains vagues, des Plantations.

Dans une belle soirée de la fin de juin, le Recteur et nos bretons réunis de nouveau s'éloignaient du bourg par un de ces chemins encaissés et tortueux, si fréquents en Bretagne. Après une demi-heure de marche, ils arrivèrent au lieu qu'Yvon avait choisi pour but de la promenade. C'était une vallée inclinée qui s'enfonçait au loin entre deux rangs de collines dont la pente était tantôt douce tantôt rapide.

Une verdure continuelle y était entretenue par des sources nombreuses, et les nuances de la prairie en fleur contrastaient, pour le plaisir des yeux, avec la teinte sombre de quelques bouquets d'arbres verts dont les cimes se dessinaient au loin parmi des rochers de granit.

Ce point de vue charmant se terminait aux ruines d'un vieux couvent, près duquel un étang recevait les eaux qui arrivaient de la vallée.

Depuis quelques moments, toute conversation avait cessé, et nos amis, les yeux fixés sur ce beau site, l'admiraient en silence, quand le Recteur prit ainsi la parole :

LE RECTEUR —O Dieu! que tes œuvres sont belles! heureux celui qui sait les admirer, en reportant vers toi ses humbles pensées ! Je te remercie, mon cher Yvon, de nous avoir amenés dans ce lieu : rarement j'ai éprouvé des émotions aussi douces.

YVON. — Après l'étude des champs, des moissons, des récoltes, n'était-il pas juste, M. le Recteur, de consacrer quelques instants aux prairies et aux bois? Là, comme la main de l'homme a moins altéré l'ouvrage de Dieu, nous trouvons des sujets continuels d'admiration; mais comme Dieu n'a rien fait que d'utile, nous y trouvons aussi d'amples ressources.

Voyez ce vieux châtaignier qui paraît sortir du milieu des rochers qu'il couvre majestueusement de ses branches; nous le reverrons en automne chargé d'un fruit aussi sain qu'agréable. Ce pin qui l'avoisine laisse découler de son tronc une liqueur utile à ceux qui savent la recueillir. Sous ces chênes superbes, nos porcs viennent, à point nommé, chercher une abondante nourriture.

Lorsque nous aurons fait tomber sans pitié ces chefs-d'œuvre de la création, leur tronc nous servira à construire nos maisons, nos meubles, nos vaisseaux; tandis qu'allumées dans nos foyers leurs branches réchaufferont nos membres engourdis, et feront cuire nos aliments.

Enfin cette prairie que nous admirons, à cause de son vert si tendre émaillé de fleurs; cette prairie qui l'emporte en beauté sur les parterres les mieux soignés, nourrit nos bestiaux d'un excellent fourrage. Dieu a créé toutes ces choses ravissantes pour que l'homme en profitât. Pleins de reconnaissance de ses bienfaits, examinons-donc, mes amis, comment nous pourrons le mieux les utiliser.

Voyez cette source placée à mi-côte de la colline de gauche, comme l'herbe qu'elle arrose sur le penchant rapide est fine, abondante et de bonne nature ! voyez, en bas de cet endroit, où la même eau séjourne, quel effet différent elle produit ! elle n'y favorise que la végétation de joncs, de carex, d'herbes dures et mauvaises. Voilà, en deux mots, presque toute la théorie des prairies : autant l'eau qui coule et se renouvelle promptement est utile, autant celle qui stagne est pernicieuse.

A la beauté et à l'abondance de l'herbe qui croît sur le versant de cette source, vous pouvez juger quel avantage il y aurait, au lieu de la laisser descendre immédiatement, à la conduire par un canal en zig-zag sur d'autres points de la côte, qui, à l'aide de petits débordements aisés à produire, deviendraient aussi fertiles que celui dont nous admirons la végétation merveilleuse.

Voyez en outre le ruisseau qui coule dans la profondeur de cette vallée, et dont les bords étalent une aussi belle verdure que l'autre fontaine. Eh bien ! si, au sommet de la vallée où nous nous trouvons à présent, on barrait son cours, et qu'au moyen de canaux on dirigeât ses eaux, chose des plus faciles, sur le flanc des collines de droite, ne serait-ce pas une amélioration aussi importante que peu coûteuse ? Et combien de vallées de ce genre, combien de gorges du haut desquelles s'échappent une infinité de jolies fontaines, n'avons-nous pas en Bretagne ?

On appelle irrigation l'opération qui consiste à distribuer, comme je viens de le dire, l'eau courante qu'on peut appeler le meilleur engrais des prairies. Il est impossible, vous le comprenez sans peine, d'indiquer d'une manière absolue comment doivent être disposées les rigoles et canaux d'irrigation : il est cependant quelques règles générales qu'il est bon de connaître.

En premier lieu, l'eau stagnante étant très-nuisible, toute irrigation comporte des rigoles d'écoulement proportionnées à la quantité d'eau introduite. Le seul moment où l'on puisse avec avantage la laisser séjourner quelque temps sur un pré, c'est l'hiver. Elle garantit alors les plantes des atteintes du froid, mais il faut toujours avoir le moyen de l'en débarrasser promptement, ce qu'on doit faire dès que cette eau jette une mousse blanchâtre sur ses bords.

L'eau qui a coulé un certain temps sur une surface gazonnée a perdu ses facultés fertilisantes ; et, pour en acquérir de nouvelles, il faut qu'elle se repose. Lorsque la disposition des lieux peut s'y prêter, il est souvent avantageux de faire des réservoirs où, après avoir servi à une première irrigation, cette eau séjourne pour être employée à une irrigation inférieure. On en augmente beaucoup les propriétés fécondantes, si on jette dans les réservoirs du fumier, ou même simplement des matières végétales.

Les rigoles d'où l'eau se répand immédiatement sur le pré doivent être le plus possible horizontales, afin que l'eau déborde à la fois sur tous les points. Il faut cesser d'arroser un pré environ quinze jours avant le moment d'y mettre la faulx, sans quoi l'herbe serait exposée à pourrir par le pied. En été, le moment le meilleur pour arroser les prés est le soir et la nuit : il ne faut que le moins possible irriguer dans la grande chaleur du jour.

LE RECTEUR. — Tout ce que tu viens d'expliquer, Yvon, me semble d'un très-haut intérêt : il ne faudrait qu'un peu moins d'insouciance chez nos compatriotes, pour tirer grand parti de tous les avantages dont la providence a été si libérale envers eux.

YVON. — Il est des cours d'eau dont on ne peut se servir pour l'irrigation, par suite des dispositions particulières des lieux ou de l'établissement d'usines auxquelles nuiraient des saignées ou des retenues. Mais si l'on ne peut faire de barrages, il faut du moins avoir grand soin, après la récolte, de favoriser dans les inondations l'entrée de l'eau sur les prés.

On peut remarquer dans toute vallée qui n'est point étroite et serrée comme celle-ci un fait uniforme relatif au cours d'eau, savoir : que leurs bords sont toujours les parties les plus élevées de la prairie. En effet, l'eau en débordant commence par déposer sur ces bords la plus grande partie des matières qu'elle tient en suspension. Par suite de cette tendance du rivage à s'élever, l'intérieur du pré finit par devenir le plus souvent une sorte de cuve, quelquefois profonde et marécageuse. Pour remédier à ce mal, il suffit de percer l'espèce de levée que le cours d'eau s'est formée lui-même, afin que dans les inondations les eaux puissent se répandre sur les parties basses du pré avant d'avoir déposé leurs vases. Il va sans dire que des fossés d'écoulement doivent être disposés de manière à assainir les fonds, s'il y a moyen. Mais si ces fonds se trouvent au-dessous du cours de l'eau et qu'un assainissement parfait soit impossible, rien de mieux pour les relever peu à peu et en obtenir un produit passable en qualité, que d'y introduire un courant d'eau ; chose aisée, puisque le cours principal est supérieur à ces fonds. Il ne faut qu'ouvrir à deux places, l'une pour l'entrée l'autre pour la sortie, la levée qui l'en sépare. Ce procédé si simple suffit souvent pour relever et rendre bons des bas de prés fort marécageux.

LE RECTEUR. — A ce que tu viens de dire, Yvon, sur l'irrigation des prairies, j'ajouterai qu'il existe des sources dont l'eau même courante a un mauvais effet. Il en est de même des ruisseaux qui ont coulé longtemps dans les bois. Toutes ces eaux doivent être rejetées avec soin.

YVON. — Sans contredit, M. le Recteur ; nous en avons un exemple à la source des Deux Croix : quoique sur un penchant rapide elle ne fait venir que des joncs et de la mousse.

Les prairies les plus productives sont évidemment celles qui jouissent d'irrigations judicieuses et régulières.

LE RECTEUR. — Dans beaucoup de localités où il est impossible d'en avoir de telles, on peut cependant se procurer des produits assez abondants en foin naturel sur des terrains bas et frais ; surtout, si, dans les moments de pluie, des eaux des terres supérieures peuvent y être amenées.

YVON. — Cela est parfaitement exact. Du reste, on augmente beaucoup la force productive de ces prés en les fumant superficiellement.

LEBRAS. — C'est ce que nous faisons de temps à autre.

YVON. — C'est ce qu'on fait dans toute la Bretagne. C'est un usage des mieux entendus ; car, par cette judicieuse application d'engrais, on augmente les fourrages et par suite les fumiers. Cela fait dire dans certain pays, que le meilleur moyen de parvenir à fumer ses terres, c'est de commencer par fumer ses prés. L'emploi des cendres et du plâtre est aussi fort avantageux aux prés, notamment à ceux qui abondent en trèfle et autres plantes du même genre.

Enfin un moyen très-simple d'améliorer beaucoup certains gazons usés et las de produire les mêmes herbes, c'est de leur donner un labour. Exposé ainsi aux influences atmosphériques, l'humus accumulé depuis long-temps dans le sol, s'approprie mieux aux besoins des plantes nouvelles dont la prairie va se trouver garnie, lesquelles sont le produit des semences nombreuses que récelait le sol et dont le labour a favorisé la germination. Cette opération fort utile sans contredit sur une terre un peu fraîche, pourrait cependant être nuisible à des prés établis sur sols secs et légers où le gazon se forme péniblement.

LEBRAS. — Je pense que la première année du labour, il ne doit guère venir d'herbe : ne ferait-on pas bien dès lors d'utiliser cette année en semant en avoine le gazon retourné ?

YVON. — J'allais vous le dire. Sur gazon riche, le lin conviendrait également avec un seul labour.

La mise en culture des prés pour un certain nombre d'années peut être une spéculation très-avantageuse; mais on doit bien se garder de détruire par une succession de plantes épuisantes sans engrais, cette fertilité des prés nouvellement rompus, fertilité qui serait pour le cultivateur une source de biens s'il agissait plus sagement. Qu'il soumette donc son nouveau champ à une rotation où les cultures améliorantes aient une large place, et qu'il reporte sur lui les engrais qu'auront produit ces cultures; de cette manière il en obtiendra toujours des récoltes abondantes, et quand il le remettra en prairie il trouvera cette dernière meilleure qu'elle n'était autrefois.

LE RECTEUR. — Tu viens, mon cher Yvon, de nous apprendre comment on peut avec avantage soumettre des prés à la culture. Pour compléter ces notions, indique-nous, e te prie, ce qu'on doit faire pour changer les terres en prés.

YVON. — Mettant à part les terrains susceptibles d'être arrosés, et qui, par l'effet seul de l'irrigation, se couvrent bientôt des herbes les plus tendres et les mieux choisies, e crois que le moyen le meilleur et le plus simple de convertir une terre en pré, c'est d'y semer du trèfle ordinaire dans de bonnes conditions pour sa réussite et de laisser durer ce trèfle indéfiniment, en le fumant de temps en temps. On peut être certain que le trèfle sera remplacé peu à peu par les graminées les mieux appropriées à la nature du sol. Ce procédé est, du reste, fort en usage aux environs de Pontivy, où beaucoup de cultivateurs n'ont pas de prairies permanentes, mais choisissent des clos bas et frais qu'ils cultivent et transforment en prés tour-à-tour.

LEGUEN. — Maintenant, mon cher Yvon, nous indiqueras-tu un moyen de détruire les taupes dans les prés ? Ces maudites bêtes défigurent chaque année tous les miens, et me donnent un mal infini pour réparer leurs dégâts.

YVON. — Pour les prés tels que ceux que nous avons sous les yeux, il suffit d'y pratiquer d'habitude les irrigations dont nous avons parlé tout-à-l'heure pour en bannir à tout jamais les taupes. En ce qui concerne les prés qu'il n'y a pas moyen d'arroser, n'as-tu pas remarqué que là où les taupes ont bien travaillé, l'herbe croît avec une vigueur particulière, pour peu que tu aies eu soin de répandre la terre meuble ramenée par elles à la surface ?

LEGUEN. — Oui, cela me paraît vrai.

YVON. — Eh bien, quand tu voudras étendre des taupinières, viens me trouver avec trois chevaux, je te prêterai un instrument au moyen duquel en deux heures tu t'épargneras le travail de plusieurs jours. C'est un assemblage de trois pièces de bois parallèles longues de cinq pieds, et sous chacune desquelles se trouve une lame de fer.

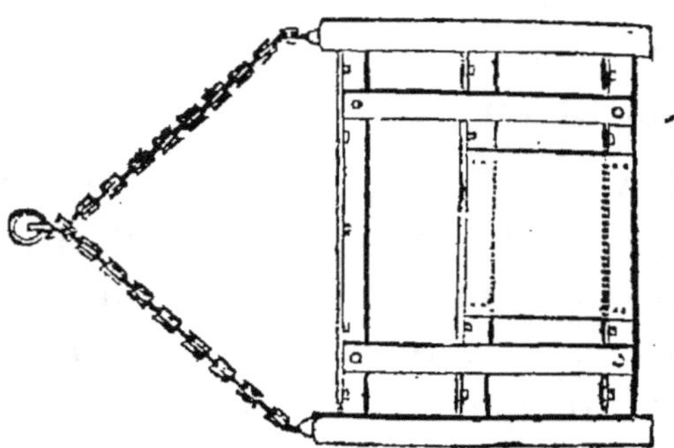

Cet instrument qui se nomme niveleur rase toutes les inégalités qui peuvent exister à la surface du pré et y étend une terre meuble très-favorable à la végétation de l'herbe. Une fois que tu l'auras employé, tu ne souhaiteras plus tant de mal à ces pauvres bêtes.

En terminant ce qui concerne les prés, disons un mot de la moisson des foins. Le moment favorable pour les couper est celui où la plupart des herbes sont en pleine fleur. Plus tard on aurait plus en volume, mais moins en qualité; et, si le pré est à deux coupes, la seconde serait toujours beaucoup moindre.

Cet instant est arrivé pour la plupart des prés de notre commune. Il va falloir, mes chers amis, déployer de l'activité, de l'ardeur; et c'est bien ici le cas de répéter que ce qui doit être fait, l'est mieux aujourd'hui que demain. Ici, comme dans toute la Bretagne, on dispose les foins en meules : c'est sans contredit la meilleure manière d'obtenir dans la masse une fermentation égale et de bonne nature. Mais je voudrais que sur le pré on donnât plus de soin à la fabrication. Par exemple, on ne devrait pas négliger de mettre en tas

12

le foin à moitié sec, quand la rosée, et à bien plus forte raison quand la pluie menace ; car, en cet état de dessication imparfaite, il souffre beaucoup de toute humidité ; j'excepte toutefois certains foins marécageux que la pluie rend plus tendres et plus agréables au bétail.

Maintenant que nous approchons des ruines de l'abbaye, arrêtons-nous un instant pour admirer encore ces restes de cloître, ce bel étang qui les touche d'un côté, et qui, de l'autre, baigne le pied rocailleux des collines qu'embrassait autrefois l'enclos du monastère. Ces bouquets d'arbres qui les couronnent, ces aiguilles, ces blocs de granit à formes bizarres dont elles sont parsemées, tout cela parle à l'imagination ; et, comme vous le disiez si bien, M. le Recteur, tout cela nous ravit d'admiration envers le créateur.

LE RECTEUR. — Notre chère Bretagne est ornée presqu'à chaque pas de semblables paysages, et même de beaucoup plus remarquables : je citerai entr'autres Châteauneuf qui n'est pas loin d'ici. Il n'est pas jusqu'à nos humbles chaumières répandues çà et là qui n'aient quelque chose de pittoresque au milieu des gros arbres sous lesquels elles semblent vouloir se dérober aux yeux.

Sous ce dernier rapport, je blâmerai même plutôt l'excès que le défaut ; car on a, ce me semble, trop multiplié les arbres sur les clôtures des pièces de terre.

LEBRAS. — Mais, M. le Recteur, ne vous ai-je pas ouï dire à vous même, que, dans ce pays qui reçoit les vents de plein fouet, nos récoltes ont besoin d'abri. Il me semble que des arbres ainsi plantés sont les meilleurs abris possibles.

LE RECTEUR. — Oui, mon enfant, j'ai pu dire que vos champs ont besoin d'abri, car c'est mon opinion. Aussi, suis-je loin de désapprouver les clôtures ou fossés avec parapets hauts de cinq à six pieds, surmontés d'arbrisseaux et même garnis de quelques arbres : mais je suis convaincu qu'il n'est pas nécessaire, je crois même qu'il est fort nuisible pour les champs d'y multiplier ces arbres au point de donner tout-à-fait à nos campagnes l'aspect de forêts. A l'appui de mon opinion, je citerai tout notre littoral où la violence des vents ne permet pas aux arbres de croître. Il n'en existe donc pas sur les clôtures qui, quoique simplement garnies d'ajonc, n'en forment pas moins un abri très-suffisant.

Plutôt que de s'exposer à nuire aux récoltes n'est-il pas mille fois préférable d'utiliser en plantations une partie des landes, ainsi que les coteaux trop abruptes ou trop pierreux

pour permettre à la charrue de les sil-
lonner.

Ne convient-il pas aussi de multiplier les
arbres fruitiers? le pommier vient bien en
Bretagne; on doit donc s'attacher à en propager les bonnes variétés. Les autres arbres
de verger réussissent plus difficilement, si ce
n'est dans quelques circonscriptions, comme
le pays de Nantes. Je ne doute pas toutefois
qu'avec des précautions, des abris, par
exemple, on ne vienne à bout d'en faire prospérer le plus grand nombre dans beaucoup d'autres localités. Sur le rivage de la rade de Brest,
en face de cette ville, le village de Plougastel est
renommé pour ses primeurs et ses fruits d'été.
Le sol et l'exposition de cet endroit n'ont
rien de spécial, mais le voisinage d'une ville
importante, y a donné l'essor à des cultures
que des soins analogues feraient aussi prospérer ailleurs. Il ne nous manque que l'élan.
Que coûterait-il de multiplier par la greffe
les meilleures espèces de châtaigniers, au lieu
de se contenter des sauvageons, comme il arrive presque toujours ?

Quoique nos campagnes offrent dans beaucoup d'endroits, ainsi que je l'ai dit, l'aspect
d'un bois continu, cependant les forêts proprement dites sont très-rares dans toute la
province, parce que les besoins toujours re-

naissants de la marine ont fait détruire nos grands bois, en place desquels on ne voit plus que des broussailles et des bruyères ; il faut s'attacher à les replanter.

YVON.—Sans aucun doute, M. le Recteur. M. de Kerien a semé, il y a quelques années, en pins, un bon nombre d'hectares de friches sans valeur ; aujourd'hui cela fait plaisir à voir.

LE RECTEUR. — C'est cela même. Il faut que chacun fasse selon ses moyens. Que M. de Kerien et d'autres grands propriétaires plantent de vastes espaces ; vous autres, mes amis, vous en planterez de moindres ; ainsi chacun concourra à la prospérité de notre chère patrie.

Vous savez qu'en général les arbres forestiers auxquels notre sol convient le mieux sont le pin d'Ecosse, le pin sylvestre, le pin maritime ou prussier, l'épicea, l'if, le mélèze, le châtaignier, le chêne, le bêtre, l'orme, le frêne. Je vous désigne ces arbres de préférence, parce que vous les connaissez et que vous pouvez facilement vous en procurer des graines ou des plants, mais je pourrais encore en indiquer d'autres fort dignes d'intérêt ; car l'absence des grands froids en Bretagne pendant l'hiver permet d'y acclimater beaucoup de végétaux qui appartiennent au midi.

12

Sans parler des figuiers, des lauriers, des grenadiers, des myrtes qui résistent en pleine terre, j'ai vu dans les jardins de l'évêché à Nantes de beaux jeunes magnolias. Vous connaissez les chênes verts qui bordent la Rance, non loin de Saint-Suliac, entre Dinan et Saint-Mâlo. Il en existe encore ailleurs en Bretagne : l'île de Noirmoutiers en possédait près du rivage de la mer un bois remarquable que les guerres de la vendée ont presque totalement détruit.

YVON. — Mais bien mieux, M. le Recteur, dans le Finistère, à Roscoff, près Saint-Pol-de Léon, pays renommé pour ses excellents légumes, j'ai vu à quatre pas de la mer deux immenses aloës entourés d'une famille nombreuse, et j'ai mangé des fraises à la fin de novembre.

LE RECTEUR. — Figurez-vous donc, mes enfants, ce que pourrait une industrieuse activité avec un tel climat !

LEGUEN. — Avec votre permission, M. le Recteur, je ne m'extasierai pas sur l'excellence de notre climat. Moi qui en supporte lés intempéries du matin au soir, je sais à quoi m'en tenir.... C'est quelquefois un vent à écorner les bœufs ! le plus souvent, ce sont des pluies à faire craindre le retour du déluge..,.

D'ailleurs, quel bien nous font ces grenadiers, ces magnolias, ces aloës, tandis que nous ne pouvons pas avoir un cep de vigne ?

LEBRAS. — Quel climat n'a pas ses inconvénients ? Ceux du nôtre, à raison du voisinage de la mer, sont l'inconstance et la pluie : mais sans elle le vent nous dessécherait comme la feuille morte. Ne remarque-tu pas que tout le monde tousse quand elle est quelque temps sans tomber ?

YVON. — Cette pluie fréquente est un motif sans réplique pour se faire des hangars à l'abri desquels on puisse mettre tout ce qu'elle peut détruire.

LE RECTEUR. — Le grand grief de Leguen, c'est l'absence de la vigne. Il est très-vrai qu'on ne la cultive pas dans la plus grande partie de la Bretagne, parce que les variations de l'atmosphère empêchent le raisin d'y arriver à maturité. On ne fait de vin que dans quelques parties de la Loire-Inférieure, lesquelles produisent un raisin appelé muscadet, dont le vin toujours blanc est de qualité ordinaire. Si, sous ce rapport, la Bretagne n'a rien à opposer aux grands pays vignobles, du moins elle les nourrit en expédiant quantité de grains à Bordeaux, Cette et Marseille qui lui envoient leurs vins et leurs eaux-de-vie.

Ainsi donc, elle donne le nécessaire et ne reçoit en échange que l'agréable, j'ai presque dit le pernicieux.

Mais revenons à notre sujet dont la boutade de Leguen m'a éloigné.

Si la propagation d'arbres utiles sur nos terrains incultes était difficile et exigeait de fortes avances, on expliquerait jusqu'à un certain point notre langueur à cet égard ; mais il n'en est pas ainsi. Voulez-vous planter des châtaigniers, des hêtres ou des chênes ? cultivez au printemps de distance en distance de petits quarrés où vous déposerez vos châtaignes, vos faines, vos glands, en les recouvrant d'un peu de terre.

Voulez-vous garnir un terrain d'arbres verts? Si le sol n'est pas labourable, placez de même les graines de ces arbres dans de petits endroits dont vous ameublissez la surface, et binez les jeunes plants quand ils seront levés : mais gardez-vous bien d'arracher les genêts, ajoncs, et autres arbustes qui peuvent occuper le sol : car, loin de gêner la végétation des arbres verts, ils la favorisent par leur abri. Si le terrain peut être cultivé, labourez-le superficiellement, semez-y au sortir de l'hiver de l'avoine en rayons espacés, et votre graine d'arbres verts entre ces rayons, en enterrant un peu cette dernière : ainsi les jeunes plants seront abrités par l'avoine sans être gênés par ses racines. Le mieux est aussi de semer en même temps dans les rayons d'avoine de la graine de genêt ou d'ajonc, pour protéger encore les arbres verts dans les années suivantes.

Si le sous-sol est imperméable, il faudra au moyen de raies d'écoulement bien entendues l'assainir de la manière la plus parfaite.

La graine d'arbres verts ne demande d'autre soin que d'être tirée des cônes ; le moment à choisir pour cela de préférence, c'est celui du semis. Quant aux châtaignes, faines et glands, il faut, jusqu'au moment de les mettre en terre, au printemps, les conserver en lits alternants avec du sable dans un endroit frais et couvert. Sans cette stratification, la plus grande partie de ces semences perdrait ses facultés germinatives. Il va sans dire que les semis d'arbres demandent à être entièrement garantis de l'atteinte des hommes et des animaux.

YVON. — Ce que vous venez de dire, M. le Recteur, m'a vivement intéressé, et me paraît de la plus parfaite justesse. Je regrette que la soirée qui s'avance nous oblige à nous séparer ; vous nous auriez donné quelques notions sur l'art forestier.

LE RECTEUR. — Tu n'as pas à le re-

gretter, mon enfant, car je ne m'y connais
que fort peu. D'ailleurs nous sortirions de
l'objet de nos agréables réunions, qui est l'art
agronomique proprement dit. Quittons-nous
donc, mes amis, avec l'espérance de nous
réunir encore dimanche prochain.

CHAPITRE NEUVIÈME.

Des Chevaux.

YVON. —Vous vous souvenez sans doute,
mes amis, qu'après le travail, ce sont les engrais qui nous ont occupés en première ligne
dans l'étude des diverses parties du capital
circulant, comme étant une des bases, un des
éléments indispensables de l'art agronomique.
Se procurer ces engrais au meilleur marché
possible et dans la plus grande abondance possible, voila donc le but auquel doit toujours
tendre le cultivateur.

Heureux, avons-nous dit, les habitants des
Côtes-du-Nord auxquels la mer en fournit
sans cesse ! Heureux encore les cultivateurs
des environs des grandes villes où ils en trouvent aussi de fortes quantités ! Les localités qui

possèdent de telles ressources, sont, du reste, fort restreintes eu égard à celles qui n'en jouissent pas. Comment le cultivateur dans ces dernières peut-il se procurer les engrais dont il a besoin ?

Nous avons résolu cette question en nous occupant des produits végétaux que nous avons séparés en deux classes : les uns sont épuisants, les autres améliorants ; ces derniers comprennent toute récolte fourragère. La principale cause résultant de l'amélioration de ces récoltes vient de ce qu'elles se convertissent en une masse d'engrais de beaucoup supérieure à ce qu'elles ont pu tirer elles-mêmes du sol. Voilà les principes que nous avons établis.

Reste maintenant à rechercher comment peut s'effectuer le plus avantageusement possible cette transformation en engrais des produits améliorants. Vous savez qu'on l'obtient à l'aide des animaux. Ces derniers sont donc simplement des fabriques de fumier : et de même qu'une usine ne prospère pas si elle manque souvent de matières premières, ou si elle est mal organisée, de même aussi les animaux de nos exploitations ne peuvent donner de bénéfice s'ils sont faibles et mal constitués, ou bien s'ils n'ont qu'une chétive nourriture.

LEBRAS.— Rien de plus vrai, Yvon. Pour

moi j'ai toujours regardé comme une folie de diviser ses soins et ses ressources sur une foule de bêtes qu'on soutient péniblement et avec lesquelles on se trouve en perte au bout du compte.

YVON. — Tu as judicieusement remarqué, Lebras, que le produit du bétail n'est nullement en raison du nombre des têtes, mais bien en raison des soins et de la nourriture qu'on lui applique.

J'ajouterai que pour prospérer les animaux dont l'agriculture s'occupe, ont besoin de respirer un air sain, d'être tenus proprement et au sec, avantages qu'on obtient par une bonne disposition d'étables : au lieu d'être comme ici obscures, étroites, humides et sans communication avec l'air extérieur, il faut qu'elles soient spacieuses, bien pavées et disposées de telle façon que la plus grande partie des urines s'écoulent dans des fosses à purin pour servir d'engrais liquide ou pour arroser le fumier ; il est nécessaire enfin que les courants d'air passent au-dessus du bétail et qu'on lui donne à manger dans des crèches et des bacs, afin que la moitié des fourrages ne soit pas gâtée.

LE RECTEUR. — *Qui trop embrasse, mal étreint. Ce que tu fais, fais le bien.* Ces deux proverbes, mes enfants, s'appliquent à

tout en agriculture : car, d'après ce que les
excellentes leçons d'Yvon m'ont fait comprendre, on ne peut avoir de bénéfice sur aucune
branche, si on ne lui fait pas les avances convenables.

LEGUEN. — Justement, M. le Recteur :
vous voilà de mon avis ; et ceux qui, comme
moi, n'ont rien ou très-peu de choses à avan-
cer, doivent s'en tenir à ce qu'ils font, sans
aspirer à un mieux qu'ils ne peuvent atteindre.

LE RECTEUR. — Grave erreur, mon
enfant. Ne vois-t-on pas dans l'évangile que le
erviteur qui n'a reçu qu'un talent est con-
lamné pour ne pas l'avoir fait fructifier comme
ceux qui avaient reçu davantage ? celui qui
n'a que peu doit du moins employer judicieu-
ement ce peu qu'il possède, et de la sorte
l peut obtenir beaucoup.

YVON. — Ainsi, Leguen, nous t'avons
prouvé dans le temps que si, au lieu de quatre
chevaux, tu n'en avais que deux de la force
et de la valeur de quatre, tu obtiendrais le
travail à meilleur compte. Tu conviendras aussi
que quatre vaches bien nourries, bien soignées, te rapporteraient plus que tes huit dans
leur état actuel. D'un autre côté, au lieu d'épar-
piller les engrais sur beaucoup de champs qui
ne paient ni cette maigre fumure, ni les

frais de labour, de fauchage, etc., etc., ap-
plique-les à un terrain moins étendu, mais
bien cultivé, labouré profondément, nettoyé
avec soin et soumis à un bon assolement;
alors tu seras tout surpris d'obtenir beaucoup
plus avec moins de dépenses. Ce plus, augmentant par degré, te permettra d'étendre
ensuite ton exploitation : ainsi tu seras dans
une voie de progrès.

Mais cette matière que nous avons déjà
traitée en parlant des capitaux, nous fait
perdre de vue notre objet qui est l'étude des
machines à fumier, c'est-à-dire des animaux
de nos exploitations.

On ne saurait déterminer d'une manière absolue quelle race de bétail donne au cultivateur
le plus de bénéfice. Cela dépend de la nature
de son sol, de celle de ses fourrages et du
commerce de la contrée. On peut dire cependant, en thèse générale, que les positions
sèches et élevées conviennent mieux aux bêtes
à laine, et les positions basses au bétail à
cornes. Quant aux chevaux et aux porcs,
pourvu qu'ils soient bien soignés, ils prospèrent partout. Si M. le recteur est de mon avis,
c'est par le cheval que nous commencerons.

LE RECTEUR. — J'en suis entièrement,
et je crois que, tout en reconnaissant l'utilité
du bœuf, nous devons néanmoins donner le

pas au cheval, cet animal si noble que Dieu lui-même l'a mis au nombre de ses œuvres les plus merveilleuses; car voici ce que le Seigneur a dit à Job:

» Est-ce toi qui pourrais donner au cheval » sa force et lui faire pousser des henisse-» ments?

» Le feras-tu bondir comme les sauterelles? » Qui ne serait pas saisi d'effroi au souffle si » fier de ses naseaux?

» Son pied creuse le sol, il s'élance avec » audace au-devant des guerriers, il méprise » la peur, il ne recule point devant le fer.

» Le bruit du carquois se fait entendre au-» tour de lui; les boucliers et les lances le » frappent de leurs éclairs; il écume, il frémit » et dévore la terre, son sang bout au son » des trompettes.

» A peine le signal de la charge s'est fait » entendre, il dit, allons! il goûte la bataille, » comprend la voix des chefs et les hurlements » des soldats. »

YVON. — Rien de si sublimement vrai que cette peinture! Mais si le cheval nous mène à la victoire, combien ne nous aide-t-il pas dans nos travaux? et s'il partage nos triomphes, il épargne aussi nos sueurs.

Vous comprenez que les formes du cheval de trait ne doivent pas être entièrement les mêmes que celles du cheval de course.

Cependant, pour être bien constitués, tous deux doivent avoir certaines qualités communes qu'il est bon de rappeler en deux mots.

Le corps doit être étoffé, le poitrail bien ouvert, les jambes de devant parfaitement droites, celles de derrière suffisamment séparées pour ne jamais se toucher au jarret; l'épine dorsale légèrement arquée au milieu, déclinant un peu à la croupe jusqu'à la naissance de la queue et remontant au garrot; la tête ni trop grosse ni trop faible, proportionnellement au reste du corps, et le corps lui-même ne doit pas être trop long, parce qu'il perdrait de sa force.

Nous possédons en Bretagne une race qui, dans sa pureté, remplit passablement ces conditions : aussi nos chevaux jouissent-ils d'une assez grande réputation depuis long-temps. Leur principal caractère est d'être extraordinairement durs : ils sont courts et larges de corps, de taille plutôt petite que grande; ils ont pour défaut assez commun d'être jarreteux. On les élève dans le Finistère et dans les parties voisines des Côtes du Nord et du Morbihan. C'est de là que viennent ceux dont on se sert dans l'Ille et Vilaine et pays contigus, entre autres la Mayenne où ils sont presque tous entiers. C'est aussi là que les Normands achètent tous les ans un grand nombre de jeunes sujets qui, transférés des landes de Bretagne dans de gras pâturages, prennent un développement presqu'incroyable, et sont ensuite vendus comme chevaux normands.

Au fond du Finistère il existe encore quelques individus d'une race qui me semble être le type primitif de la race Bretonne. Ces chevaux ne sont pas hauts, mais bien faits, bien ouverts de devant; ils ont la tête légèrement busquée, les jambes fines et un poil uniforme, café au lait avec une raie plus foncée le long de l'épine dorsale. Nous devons former le vœu que les éleveurs ne laissent pas s'éteindre entièrement cette jolie espèce de chevaux.

LE RECTEUR. — L'île d'Ouessant n'en produit-elle pas de remarquables par l'exiguité de la taille ?

YVON. — Effectivement, M. le recteur. Ce sont de vrais joujous d'enfant que leur petitesse rend curieux, en leur ôtant tout intérêt sous les rapports agricoles.

Nous avons reconnu, si vous vous en souvenez, que, considéré seulement comme animal de travail, le cheval fait payer plus cher son temps au cultivateur que le bœuf, mais aussi qu'il peut très-bien n'en être pas de même si on tire ce travail de juments poulinières ou de jeunes chevaux qui, occupés avec modération, prennent un exercice nécessaire à leur état. On ne peut donc trop conseiller l'emploi de belles juments bretonnes, réunissant les qualités que j'ai signalées comme étant celles d'un bon cheval.

Il serait également facile avec des soins et une nourriture convenables, de tirer de nos poulains le même parti qu'en tirent les Normands, au lieu d'abandonner presqu'entièrement, comme c'est assez l'ordinaire, cet élevage à la nature. En élevage, comme en tout, c'est le soin, c'est la nourriture qui produisent les bénéfices. Le cheval, plus que tout autre animal, réclame cette attention constante ainsi que des aliments de choix.

On est en général peu d'accord sur l'espèce de ceux qui conviennent le mieux ; les contradictions qu'on remarque à ce sujet, viennent sans doute de ce qu'on néglige presque toujours les précautions nécessaires au passage d'une nourriture à une autre : transition qui, si elle ne s'opère par degrés, nuit toujours à la santé de l'animal.

Nombre de faits m'ont amené à penser que le régime qui convient le plus au cheval, est la nourriture au vert, ou peut être mieux encore au sec mélangé de vert. Verts ou secs, les fourrages donnés aux chevaux doivent être de première qualité, et le plus nourrissants possible sous un petit volume. Le trèfle, la luzerne, le sainfoin, la vesce leur conviennent particulièrement.

Le cheval soumis au régime sec qui consiste d'ordinaire en paille et en foin, exige de plus une certaine ration de grain, laquelle est inutile au cheval nourri de vert. Dans la saison où les fourrages verts manquent, on les remplace le plus avantageusement possible par de l'ajonc pilé, par des carottes ou panais. Les chevaux nourris d'une certaine quantité de paille et de bon foin auxquels on ajoute quinze à vingt livres de ces aliments, se soutiennent peut-être mieux au travail, quoique montrant moins de feu, que les chevaux nourris au sec avec rations de grains. L'excellent état de santé dans lequel ils se trouvent, se reconnaît à leur gaîté et au luisant de leur poil. La Bretagne est peut-être un des pays où les avantages de ce régime sont le mieux appréciés, et l'on ne peut trop approuver l'usage de piler, comme on fait en hiver, de l'ajonc pour les chevaux. Il serait encore mieux d'y ajouter partout des carottes et des panais, comme on fait sur quelques points des côtes du Nord et du Finistère.

Lorsque les chevaux sont seulement nourris d'aliments secs, il faut, ai-je dit, faire entrer dans cette nourriture une certaine ration

de grain, qui doit être proportionnée au service qu'on en veut exiger. En France, l'avoine
est le grain le plus généralement employé
dans ce cas. C'est sans contredit celui qui
convient le mieux pour être donné sans mélange. Les grains plus nourrissants, tels que
l'orge, le blé noir, le seigle, les pois, les
vesces, les lentilles, les fèves, donnés seuls
sont trop échauffants, surtout si les chevaux
n'y sont pas habitués d'enfance ; mais mélangés
avec de la paille hachée de manière à occuper
plus d'espace dans le corps à facultés nutritives
égales, ces grains produisent le même effet
que l'avoine. Ainsi, le cultivateur a intérêt à
s'en servir toutes les fois que l'avoine est à un
prix plus élevé proportionnellement aux facultés nutritives. On peut admettre que douze
litres d'avoine sont remplacés par huit litres
d'orge et de blé noir ; par sept de seigle, par six
de pois, vesces, fèves et lentilles. Ainsi l'avoine
étant à six francs l'hectolitre, le seigle pour
avoir un prix proportionnel, dans le cas dont
nous parlons, devra être à quatorze francs ;
s'il n'est qu'à dix francs, on a intérêt à le
substituer à l'avoine pour la nourriture des
chevaux.

Je crois vous avoir dit que le passage subit
d'une nourriture à une autre nuit à leur santé.
La transition du vert au sec surtout, et du sec

au vert, pourrait occasionner des accidents très-fâcheux, si l'on n'avait soin de l'effectuer par degrés, en augmentant ou diminuant peu-à-peu la ration de grain, à mesure qu'on augmente ou diminue la quantité de vert.

Il faut aussi, dans la distribution de la nourriture et du travail, observer des heures réglées et administrer les aliments par petites rations souvent répétées, en alternant le plus possible les diverses espèces. Quand ils sont au vert il faut les faire boire deux fois, et trois fois quand ils sont au sec. Dans ce dernier cas, on doit leur donner la ration de grain chaque fois qu'ils reviennent de l'abreuvoir, ou mieux encore partager cette ration en deux dont l'une leur est donnée avant la boisson.

Le cheval réclame un pansement journalier. Ce soin, fort utile à toute espèce de bétail, en favorisant la transpiration insensible, est indispensable au cheval dont la peau se couvrirait sans cela de croûtes et d'échauffaisons. Au lieu d'imiter beaucoup d'hommes négligents qui se contentent de lisser le poil avec l'étrille, il faut au contraire la passer à rebrousse-poil, fortement et partout, afin de détacher la crasse qui se colle à la peau. On connaît sans peine si le pansement a été bien fait, en détournant le poil, car alors on découvre si elles existent, les ordures que beaucoup de valets ne cherchent qu'à cacher.   13*

LEBRAS. — Il est aussi fort avantageux de pouvoir faire entrer les chevaux dans l'eau de temps en temps jusqu'au ventre, afin de leur débarrasser les jambes de la boue qui est très-nuisible.

YVON. — Sans contredit. Vous savez que les chevaux ont besoin d'être ferrés pour empêcher leur corne de s'user promptement.

LE RECTEUR. — N'en est-il pas qui peuvent s'en passer ?

YVON. — Oui, M. le recteur. Malheureusement cet avantage qui est héréditaire constitue une exception très-rare. Presque tous les chevaux doivent être soumis au ferrage, opération délicate et qui, mal faite, a des suites fâcheuses. Le cultivateur ne peut donc trop s'occuper de ce point : il doit veiller à ce que le fer soit hermétiquement appliqué au sabot, et à ce que les clous ne prennent pas de fausses directions, ce qui fait boiter l'animal et nécessite un prompt déferrage; à ce que les fers cassés ou détériorés soient remplacés; à ce qu'enfin les chevaux soient déferrés pour être referrés ensuite, toutes les fois que la corne saillit sur le fer.

LE RECTEUR. — Les juments poulinières exigent sans doute quelques soins particuliers, en sus de ceux que reçoivent habituellement les chevaux ?

YVON. — Sans aucun doute. Leur nourriture doit être plus abondante et leur travail plus modéré sur la fin de la gestation, ainsi que pendant l'allaitement. Il faut toujours leur éviter avec la plus grande attention les frottements, les coups, les efforts violents; car l'avortement en serait la suite. De plus, elles doivent être dispensées de tout travail dix jours avant, et autant après la mise-bas. Des aliments particulièrement substantiels et rafraîchissants leur sont également nécessaires.

Lorsque le moment du part approche, ce qu'on reconnaît au ramolissement général de toutes les parties qui avoisinent celles de la génération, à la dureté du pis, à l'affaissement de la croupe; il faut donner à la jument une large place sans pour cela l'isoler, si elle est habituée de vivre en société; la pourvoir d'une ample litière et exercer sur elle une surveillance de tous les instants, surveillance passive et silencieuse du reste; car malheur à l'imprudent, autre qu'un homme de l'art, qui voudrait aider la mise-bas, il n'en peut résulter rien que de mauvais. Trop souvent la mort de la mère et du poulain est la suite d'une telle maladresse. Il est rare au surplus qu'on soit obligé d'appeler l'expert vétérinaire : Le part s'opère presque toujours de lui même.

Dès que le poulain est venu, on l'approche

dé la mère pour qu'elle le lèche, et on l'aide à trouver le pis. L'allaitement ne doit pas durer plus de quatre mois. Il faut disposer le nourrisson au sevrage en lui apprenant à manger avec la jument. Une fois la séparation faite, il est bon de lui donner quelque temps un peu de lait de vache. Quant à la mère, on doit lui retrancher une partie de cette nourriture substantielle qu'elle avait reçue pendant l'allaitement, et la traire aussi long-temps qu'il le faut pour prévenir les engorgements du pis.

L'exercice est sans contredit nécessaire au développement du cheval, aussi le mieux est-il de lâcher les poulains dans des pâturages clos où ils trouvent une nourriture abondante. Si la pâture est médiocre, il faut y ajouter un supplément de fourrage de première qualité à l'écurie. Rien de mieux que de les habituer de bonne heure, en les caressant, en leur présentant des friandises, à être doux et amis de leur maître. Quand il s'agira de les dresser, on en viendra bien plus facilement à bout; car nul animal n'est plus reconnaissant que le cheval, comme aucun ne se souvient mieux des mauvais traitements. Fort et plein de vie, tel que M. le recteur nous l'a dépeint, en empruntant les paroles de l'écriture, le cheval ferait repentir le téméraire qui oserait le frapper mal à propos.

LE RECTEUR. — Exténué par les mauvais traitements, le noble animal refuse son service au misérable qui le charge inutilement de coups, et il aime mieux mourir que de travailler pour un barbare.

YVON. — Que de fois n'ai-je pas vu des charretiers stupides gâter et rendre rebelles les meilleurs chevaux par des corrections outrées et appliquées sans sujet. La correction sans doute est nécessaire, mais il faut qu'elle suive la faute ; alors le cheval la comprend et devient soumis.

On peut commencer à atteler les chevaux à l'âge de trois ans. C'est aussi l'époque à laquelle ils deviennent nubiles. Le moment le plus ordinaire de la chaleur des juments est le printemps. On doit saisir pour la saillie le commencement de cette chaleur, dont la durée n'est par fois que de trois ou quatre jours, et qu'on reconnaît à un air inquiet, au défaut d'appétit, à une soif plus qu'ordinaire, au désir de s'approcher des chevaux, enfin à un flux continuel d'humeur visqueuse aux parties génitales devenues rouges et dilatées.

Si la jument a conçu, la chaleur cesse : on peut croire qu'elle a retenu, lorsqu'on la voit refuser opiniâtrement l'étalon quelques jours après la dernière saillie. Il faut bien se garder alors de la forcer à le recevoir, car si elle était pleine il la ferait sans doute avorter.

Un exercice violent immédiatement avant la saillie paraît favoriser la conception; après, un repos complet est absolument nécessaire. Les signes les plus certains de la gestation sont l'accroissement du ventre, d'ailleurs peu sensible avant le sixième mois, une plus grande douceur, des allures plus pesantes et une tendance à s'abstenir de tout frottement, de tout effort dangereux au précieux fardeau.

LE RECTEUR. — Dans l'élevage des chevaux, l'étalon n'est pas de moindre importance que la jument. C'est donc une grande faute que de faire saillir celle-ci par le premier cheval venu, comme cela ne se pratique que trop souvent en Basse Bretagne. Il faut au contraire ne rien négliger pour l'accoupler avec un mâle pourvu des qualités qui constituent le bon cheval. On ne peut trop recommander, par exemple, les étalons que l'administration du haras de Langonnet envoie chaque année sur divers points choisis avec discernement. Du reste, on doit, autant que possible, préférer le cheval qui offre des beautés remarquables là où la jument a des défauts.

YVON. — Cela est évident, M. le recteur. Le nombre des juments qu'un cheval peut couvrir dépend tout-à-fait de son état de santé et de son énergie dont on ne peut juger qu'à l'épreuve. J'ai vu des chevaux saillir tous les jours sans trop de fatigue, et d'autres n'en être capables qu'à de grands intervalles. Du reste, on ne doit pas hésiter à qualifier de barbare l'usage où l'on est en Basse-Bretagne de faire couvrir jusqu'à six et huit fois par jour des poulains de deux ou trois ans qu'on castre dès qu'un épuisement précoce ne leur permet plus de satisfaire l'aveugle avidité du maître. Rarement ces malheureux étalons couvrent plusieurs années, et leurs produits d'autre part sont très-inférieurs à ceux des chevaux ménagés avec sagesse. Il va sans dire qu'une nourriture abondante et bien choisie doit être donnée aux chevaux entiers, principalement à l'époque de la monte.

Vous savez qu'on reconnaît l'âge des chevaux à leurs dents incisives qui sont au nombre de douze, six à la machoire supérieure et six à la machoire inférieure. Entre deux ans et demie et trois ans, les deux du milieu en haut et en bas dites les quatre pinces, tombent et sont remplacées par de nouvelles dents beaucoup plus longues et plus fortes. Entre trois ans et demie et quatre ans, les quatre voisines dites mitoyennes, tombent et sont remplacées de même. Entre quatre ans et demie et cinq ans, c'est le tour des quatre dernières qu'on appelle coins.

Toutes ces nouvelles dents ont alors sur leur épaisseur nommée table une cavité noirâtre qui s'efface à partir de ce moment dans l'ordre suivant : sur les pinces d'en-bas entre cinq et six ans ; sur les mitoyennes d'en-bas, entre six et sept ans ; sur les coins d'en-bas, entre sept et huit ans ; sur les pinces d'en haut, entre huit et neuf ans, sur les mytoyennes d'en haut, entre neuf et dix ans ; sur les coins d'en haut, entre dix et onze ans ; au delà il est impossible de connaître exactement l'âge du cheval.

Ses harnais exigent une sérieuse attention. Il faut principalement tenir à ce que le collier soit bien bourré, bien arrondi, surtout au point d'où partent les traits. Il est indispensable aussi de souvent nettoyer et graisser le tout, notamment aux parties qui sont en contact avec la peau du cheval, afin de prévenir les écorchures.

Quand à la manière d'atteler, tout cultivateur la connaît : je crois néanmoins devoir insister sur ce point que toute déviation de la ligne de tirage produit déperdition de force. Pour éviter ces déviations, il faut rendre les attelages le moins nombreux et le plus simples possible. Ceux composés de plusieurs chevaux à la file perdent toujours le plus. Il faut aussi disposer les dossières et sous-ventrières de manière à ce qu'elles ne rendent pas le trait anguleux une fois tendu, car il y aurait perte de forces et fatigue pour le cheval dont le dos ou le ventre se trouverait gêné. Plus le point de tirage est élevé au-dessus du sol, plus la sous-ventrière doit être allongée et la dossière raccourcie. Le contraire arrive quand le point de tirage est abaissé.

LE RECTEUR. — Aux développements que tu nous donnes, mon cher Yvon, on reconnaît sans peine que, bien que tu n'emploies que des bœufs, tu possèdes très-bien ce qui concerne la race chevaline.

YVON. — Un breton, M. le recteur, qui avant de servir a plus d'une fois gagné le ruban à des noces dans le Finistère, et, qui plus est, un vieux dragon de l'empire, ne peut point ne pas connaître, ne pas aimer cette noble race chevaline. Si, comme les Tartares, nous étions gens à nous régaler d'une pièce de cheval attendrie sous la selle, je trouverais cet animal bien plus précieux encore.

LEGUEN. — Tu vas peut-être nous conseiller d'en manger, comme cet auteur du livre dont M. le recteur nous a lu dernièrement quelques parties ?

YVON. — Nullement, mon ami ; encore bien que si tu eusses été comme moi de la campagne de Russie, tu te serais estimé fort heureux d'avoir chaque matin une tranche de cheval grillée sur le charbon, je t'avouerai cependant que toujours je donnerai la préférence à un bon pot au feu. C'est justement parce qu'il est à la fois propre au travail et à la cuisine, que le bœuf est si fort de mon goût. Si vous voulez, M. le recteur, et vous, mes amis, accepter pour dimanche prochain ma soupe, qui, je vous assure, ne sera pas de cheval, nous continuerons par la race bovine l'étude des animaux qui peuplent nos exploitations.

LE RECTEUR. — Avec grand plaisir, mon enfant, à dimanche, au sortir de la messe.

CHAPITRE DIXIÈME.

Des Bêtes à Cornes.

LE RECTEUR. — En vérité, mon cher Yvon, j'ai rarement dîné d'une manière plus agréable : ton potage et ton rôti de veau étaient du meilleur aloi ; ton beurre vaut celui de Rennes ; tes crêpes sont délicieuses et ton cidre parfait.

YVON. —Quand j'ai bien travaillé toute la semaine, je me permets un petit extra le dimanche : pour cela j'ajoute à mon ordinaire le pot au feu. La bouillie classique ne m'en semble que meilleure les autres jours. Je tiens en outre à ce que tout soit d'une propreté parfaite. Mon excellente femme est heureusement du même goût, ainsi nous ne nous accomoderions ni l'un ni l'autre d'une cavité creusée dans la table en guise d'assiette, ni de manger pêle et mêle avec nos bêtes des beurrées faites de beurre rance et puant.

LE RECTEUR. — Il est certain que la propreté donne du relief aux choses les plus communes, non seulement en fait d'aliments, mais encore dans tout ce qui se rattache au matériel de notre existence, habits, meubles, logement. C'est un principe qu'il serait bien à propos d'inculquer fortement à tous nos concitoyens des deux sexes, dont un grand nombre s'y montrent trop peu fidèles.

YVON. — Cela n'est que trop vrai, M. le recteur. Mais puisque vous trouvez mon dîner confortable, continuez, je vous prie, à y bien faire honneur. Excepté le pain et la farine de sarrazin qui entre dans les crêpes, tout ce qui le compose a été fourni par l'estimable race bovine. Que pouvons-nous de mieux pour en commencer l'étude que de savouer ses produits?

LEGUEN. — Voilà qui est parfaitement dit ! tes paroles me semblent aujourd'hui vraiment persuasives.

YVON. — Je m'empresse de mettre à profit le mérite de conviction que leur donne à tes yeux mon dîner pour entrer dans mon sujet.

LEBRAS. — Nous t'écouterons toujours avec le plus vif intérêt.

YVON. — De même qu'elle possède une race de chevaux, notre Bretagne possède une race de bêtes à cornes, dont le vrai type est ce que nous appelons vaches de landes, laquelle est très-petite, basse de jambes, mais grâcieuse, gaie, légère, avec la tête fine, des cornes un peu rejetées en arrière, et un poil uniforme noir ou rouge.

Cette vache qui va chercher sa nourriture dans les landes les plus stériles où l'on croirait que nul animal ne peut subsister, en rapporte un pis chargé de lait. Parmi les nombreuses races de bêtes à cornes que j'ai vues dans les divers pays où m'ont conduit les chances de la guerre, je crois n'en avoir pas remarqué qui approchât de celle de Bretagne pour la rusticité. Bien entendu qu'il ne faut pas confondre la vache des landes avec d'autres plus grandes, de couleurs variées, provenant des croisements avec la race normande. Ces dernières, comme on sait, sont sans comparaison moins dures que les autres, et si elles n'ont pas une nourriture bien plus abondante et mieux choisie, elles donnent beaucoup moins en produits et dépérissent sensiblement.

Le manque de taille est sans contredit un défaut pour la race des landes. Mais nombre de faits démontrent qu'avec plus de soins et des aliments plus copieux, elle peut atteindre un grand développement, ce qui alors permet d'en tirer beaucoup plus de bénéfice. Ceci est une vérité dont il est aisé de se convaincre en voyant la race bretonne dans les contrées où elle reçoit une nourriture plus abondante, sur le littoral depuis Cancale jusqu'à Paimpol par exemple. Tout en conservant là ses caractères primitifs, elle est infiniment plus grande qu'ici.

LE RECTEUR. — Bien que les vaches soient petites dans une partie du Morbihan et de la Loire-Inférieure on remarque beaucoup de beaux bœufs, enfants de ces vaches.

YVON. — Cela vient de ce que les cultivateurs n'attelant presque que de ces animaux, et ayant grand intérêt à ce qu'ils soient le plus forts possible, leur donnent dans le premier âge des soins et des aliments convenables.

De ces divers faits, je conclus que la race bretonne possédant déjà des qualités très-précieuses peut et doit être améliorée par elle-même, je veux dire par des croisements judicieux entre des individus de beau choix, et par une nourriture plus copieuse. De la sorte, cette race, tout en demeurant dure et rustique, acquerrait de la taille et donnerait en travail, en lait, en viande, des produits beaucoup plus importants.

LE RECTEUR. — On comprend très-bien que ce mode d'amélioration qui n'exige que des soins, soit de beaucoup préférable aux croisements avec la race Normande qui ne trouve plus en Bretagne les riches pâtures, les fourrages succulents auxquels elle est habituée sur le sol natal.

YVON. — Des races qu'il serait, ce semble, plus avantageux de croiser avec la nôtre pour l'améliorer, ce sont celles du Poitou, beaucoup plus rustiques que la Normande. Certaines races anglaises, entr'autres celles de Durham si remarquable par sa grande taille et par la facilité avec laquelle elle prend la graisse, aideraient sans doute aussi au perfectionnement dont il s'agit.

C'est du reste un principe général en élevage, que les importations faites dans le but d'améliorer une race, doivent être toujours précédées ou accompagnées de perfectionnements dans l'économie du bétail, autrement on ne peut rien espérer de bon. Tandis qu'il est prouvé qu'avec une forte nourriture et des soins persévérants, comme celui de conserver toujours pour la reproduction des sujets doués d'une qualité ou d'une beauté nouvelle, on parvient à régénérer, et même à changer tout-à-fait les races.

D'où vient qu'elles ont pris un développement si remarquable dans certains pays, l'Auvergne, la Normandie, la Suisse, l'Angleterre? C'est que de temps immémorial l'élevage y est soigné et bien entendu. Faisons de même et nous obtiendrons des résultats semblables.

D'où vient que, même dans nos contrées, le bétail à cornes quoique petit, a des qualités et des caractères de races ? C'est que, bien qu'en général fort négligé, il trouve cependant un élément de prospérité dans la continuation du régime vert toute l'année, attendu que la douceur de notre climat, permettant le pâturage dans les landes, même l'hiver, il se nourrit alors en partie des pousses les plus tendres de l'ajonc, du genêt, des bruyères : cette nourriture toute maigre qu'elle semble est bien plus favorable à la santé du bétail qu'une nourriture composée seulement de fourrages secs.

Dans les pays que j'ai eu occasion de parcourir, j'ai toujours remarqué que ceux où le bétail à cornes est nourri exclusivement au sec une partie de l'année, ne possèdent que des bêtes à membres grêles, à formes anguleuses très prononcées, tandis que les contrées où l'on mélange de racines, par exemple, la nourriture d'hiver, se distinguent par la beauté et la bonne conformation de ce même bétail.

Je n'ignore pas, toutefois, qu'en Suisse où la race bovine est admirablement perfectionnée, on ne lui donne en hiver que des fourrages secs; mais ces fourrages aromatiques sont d'une qualité qu'on ne retrouve plus hors des montagnes. Chaque jour d'ailleurs on y ajoute une poignée de sel par tête de bétail, et il est prouvé qu'ainsi donné, le sel est un véritable tonique, un stimulant qui permet de digérer les aliments secs, à peu près aussi facilement que s'ils étaient verts.

Dans les pays comme la France où le sel est à un prix trop élevé pour qu'il soit possible d'en faire un usage aussi général qu'en Suisse, il est nécessaire, pour maintenir toujours le bétail à cornes dans un bon état de santé, de lui donner en tout temps une certaine ration d'aliments verts. Notre race elle-même en est la centième preuve.

Mais quelle augmentation de produits n'obtiendrions-nous pas, si, au lieu d'envoyer nos vaches chercher dans la lande quelques pouces d'ajonc, nous leur donnions à l'étable en hiver, avec le fourrage sec, de bonnes rations de racines, pommes de terre, betteraves, navets, ou de feuilles de choux, comme on fait dans le Finistère, et en été d'abondantes raffourrées de trèfle et autres fourrages frais.

LEGUEN. — Mais en agissant de la sorte on transformerait les écuries en marais inabordables.

YVON. — Raisonne un peu avec moi, Leguen, et vois à quel contresens on est conduit par un système vicieux. Tu sais tout comme nous, que les engrais sont les éléments indispensables de nos succès en culture ; tu sais de plus que le bétail n'est autre chose qu'une fabrique de fumier, et voilà que tu reproches à des bêtes nourries largement d'en trop faire ! D'où vient cette absurde censure ? de la déplorable habitude de ne nettoyer les écuries qu'à de longs intervalles, de sorte qu'en effet une grande quantité de fumier gras et chargé de sucs, comme celui dont il s'agit, changerait les écuries en de véritables cloaques.

Quand je conseille, mes amis, de donner à l'étable une nourriture abondante, il va sans dire que ce mode doit avoir été précédé d'une

14

amélioration des étables. Elles doivent être garnies, ainsi que je l'ai déjà dit, de râteliers, et de bacs, et disposées de manière à ce que les urines s'écoulent dans une fosse à purin. Bien entendu qu'ensuite il faut enlever le fumier souvent, et fortement reliter le bétail.

LE RECTEUR. — Remarquez en passant, mes amis, comme tous les perfectionnements se suivent et s'enchaînent en agriculture; comme une chose en nécessite une autre.

Après avoir reconnu les avantages de l'introduction des cultures améliorantes dans les assolements, cultures qui elles-mêmes demandent des soins particuliers et des instruments perfectionnés, il faut songer à tirer parti de leurs produits. On aperçoit alors que ces produits eux-mêmes ne sont un moyen d'amélioration qu'autant qu'on les lui fait consommer d'une manière convenable : d'où il suit que cette consommation nécessite une meilleure disposition des étables. Delà, augmentation de fumier; de là nécessité de donner des soins plus intelligents à l'arrangement de ces fumiers; et enfin la conséquence de ce dernier point, c'est l'augmentation de fertilité du sol et une prospérité toujours croissante dans les cultures. N'ayant plus besoin des landes pour la nourriture des bêtes, vous cultiveriez celles dont le défrichement présenterait des avantages, et vous planteriez le reste. Voyez quel changement.

LEBRAS. — Ainsi le bétail n'irait plus du tout en pâture : un pareil système ne doit-il pas être bien nuisible à sa santé ?

YVON. — Beaucoup moins que le vôtre, avec vos étables étroites où le fumier accumulé entretient toujours un air étouffant et quelquefois méphytique, toujours malsain par son extrême chaleur de laquelle sort le bétail pour être exposé subitement à un air vif et pénétrant. Aussi est-il peu de pays où la phthisie pulmonaire du bétail à cornes soit aussi commune qu'en Bretagne.

Des faits nombreux en revanche ont démontré que la stabulation complète ne lui nuit nullement, pourvu qu'on le tienne avec propreté dans des écuries bien aérées. Je n'en suis pas moins persuadé, du reste, qu'on fait grand bien aux bestiaux en leur permettant un exercice de deux heures environ par jour dans une cour ou dans un clos; pratique très-aisée pour nous.

Dans l'état actuel de la culture de ce pays, il serait absurde, mes amis, de vous engager à substituer brusquement la nourriture à l'étable à la nourriture au pâturage : mais on ne peut trop vous conseiller de tendre à ce résultat par degrés.

LE RECTEUR. — Sans doute. Par exemple, en disposant mieux d'abord vos étables et vos fumiers, chacun suivant ses facultés, puis en semant des prairies artificielles et des plantes à racines. Ayant alors des aliments en plus grande quantité avec les moyens de les utiliser, vous en donnerez à vos vaches avant de les envoyer en pâture où lorsqu'elles seront revenues, et vous les tiendrez moins long-temps dans la lande où leurs engrais se dispersent en pure perte : plus vos fourrages augmenteront, plus vous restreindrez les heures d'absence. Vous arriverez ainsi peu à peu à la nourriture à l'étable, et par suite à tous les perfectionnements qui l'accompagnent.

YVON. — C'est cela même, M. le Recteur.

Il faut pour la distribution du fourrage au bétail à cornes, prendre scrupuleusement les soins que j'ai indiqués relativement aux chevaux, c'est-à-dire, faire alterner autant que possible les diverses sortes d'aliments; donner souvent et par petites rations, enfin avoir des heures régulières de distribution.

C'est surtout dans le bas âge et principalement dans la première année, qu'il ne faut épargner aux bêtes à cornes ni les soins ni une nourriture abondante et choisie, de là dépend leur avenir. Le trèfle vert et surtout le passage à cette nourriture exige aussi des précautions, comme je crois vous l'avoir dit au sujet du trèfle et de son effet dans l'estomac des animaux ruminants qui n'y sont pas habitués.

Les bêtes à cornes sont aptes à la reproduction de très bonne heure, quelquefois à l'âge d'un an. Mais il est indispensable pour prévenir la dégénération d'empêcher les taureaux de couvrir, et les genisses d'être couvertes avant l'âge de deux ans accomplis. Il est important aussi, afin de conserver aux taureaux leur vigueur et pour en obtenir de beaux produits, de ne pas multiplier les sauts à l'infini, comme cela ne se fait que trop. Ainsi un taureau dans sa troisième année, ne doit pas couvrir plus de quinze à vingt vaches, et les années suivantes plus de quarante à cinquante.

Comme pour la race chevaline, le bon et judicieux choix d'un mâle est du plus haut intérêt. Le taureau doit être long, cylindrique, bas de jambes, vigoureusement membré, et plus fort à proportion du derrière que du devant, afin de pouvoir se dresser sans fatigue ; un front large et crépu, un œil vif et doux, des cornes grosses, un col bien garni de fanons ajoutent beaucoup à sa beauté.

Les vaches portent de neuf à dix mois, elles entrent en chaleur quelque temps après leur mise bas, ce qu'on reconnaît aisément à leur agitation, à la diminution extraordinaire de leur lait et à leur disposition à monter les unes sur les autres ; il ne faut pas manquer de saisir ce moment pour la saillie, car la chaleur qui dure chez elles quarante-huit heures au plus ne se renouvelle souvent pas. Une nouvelle diminution du lait, la disposition à engraisser, et la grosseur du ventre indiquent l'état de gestation.

L'approche du part se reconnaît à la dureté du pis, à la couleur blanche du lait, au ramolissement général de toutes les parties voisines de celles de la génération, et à une sécrétion visqueuse qui s'échappe de ces dernières ; il convient alors de surveiller l'animal de très près, de lui donner une nourriture abondante et raffraichissante accompagnée d'une bonne litière, et de le mettre à l'abri de tout courant d'air, mais en même temps d'abandonner tout-à-fait la mise bas à la nature.

Une fois le veau né, l'usage le plus généralement répandu et même le seul connu dans nos contrées, c'est de le présenter à la mère et de le laisser téter un mois, six semaines ou deux mois, jusqu'à ce qu'on juge à propos de le sévrer ; alors on enlève à la vache son petit, et l'un et l'autre souffrent beaucoup de cette séparation. Ce n'est qu'exténué de faim et de fatigue, que le veau consent à prendre quelques aliments. De son coté la vache diminue beaucoup de lait, et quelquefois refuse longtemps de se laisser traire.

LE RECTEUR. — Voilà de véritables inconvénients.

YVON. — On y remédie tout-à-fait, M. le recteur, en ne laissant pas teter le veau ; pour cela, au lieu de le faire lécher par la mère après qu'il est né, il l'en faut éloigner sur le champ ; la vache n'en témoigne que peu de regret, parce qu'elle n'a pas encore fait connaissance avec lui.

Lorque le veau manifeste par son agitation que le besoin se fait sentir, c'est le moment de l'apprendre à boire dans un seau où l'on a trait du lait de la mère, on lui introduit pour cela dans la bouche le doigt humecté de lait, en lui baissant la tête de manière à le mettre à même de sucer le liquide ; il est d'autant plus facile de l'accoutumer à boire ainsi, qu'il n'a pas d'habitude formée. A l'avantage d'empêcher la séparation douloureuse du sevrage, cette méthode joint encore celui de permettre de rationner le jeune élève beaucoup mieux, et de l'habituer peu à peu à se passer de lait ; on évite par là les diarrhées, les maux d'estomac si communs aux veaux qu'on laisse teter.

La première semaine après leur naissance

on leur donne par jour, en trois fois, cinq livres de lait; la seconde, seulement en deux fois dix livres, et la troisième quinze livres, mais on passe à ces quantités d'une manière insensible. Dès la quatrième semaine on commence à étendre le lait et à donner en outre de bon foin et quelques racines bien découpées; on continue de même jusqu'à la septième semaine où on peut ne leur donner que du lait écremé, ou bien même de l'eau simple avec de bon fourrage soit vert soit sec, ainsi que des racines.

La méthode de faire boire le veau au seau est sans contredit la plus convenable de toutes façons pour l'élevage, je la dirai presque nécessaire, lorsqu'il sagit de les engraisser, ce qu'on fait en donnant à chacun le lait de plusieurs vaches.

LE RECTEUR. — Cette spéculation peut être avantageuse auprès des grandes villes où de tels veaux sont très estimés. C'est au cultivateur à juger d'après le commerce du pays, s'il doit tirer partic de son lait de cette manière ou de toute autre.

YVON. — En Bretagne on l'emploie surtout à la fabrication du beurre; aussi tout le monde sait que cette province en exporte de notables quantités. Qui ne connaît le beurre de la

Prévalais, lequel n'est autre que le beurre de Rennes et de tous ses environs! Il est probable que tout beurre de Bretagne aurait à peu-près la même qualité, si la fabrication en était aussi bien soignée, mais il n'en est pas ainsi : toutefois malgré ce que la manipulation du laitage peut laisser à désirer quant à la propreté, notre beurre jouit d'une réputation bien acquise.

Pour l'extraire on commence par laisser plus ou moins de temps le lait exposé à l'air, afin que la crème monte à la surface ; plus les vases qui le contiennent sont larges sans pronfondeur, plus la crème s'amasse avec facilité et abondance ; après l'avoir enlevée avec une écrèmète en fer blanc, et lorsque la quantité recueillie est suffisante, on la bat, comme vous savez, pour la convertir en beurre.

Cette dernière substance une fois bien formée, ce qui a lieu après un laps de temps plus ou moins long, on le pétrit et on le lave à grande eau pour lui enlever jusqu'aux moindres sérosités qui le feraient aigrir promptement. La qualité du beurre dépend de la propreté et des soins qu'on met à ces diverses manipulations, comme aussi du temps qui aura séparé l'enlèvement de la crème de la conversion en beurre. Plus la crème sera nouvelle, plus le beurre aura de qualité. On ne peut contester non plus sur ce point l'influence des fourrages et des pâturages. Les plantes qui croissent dans les terrains granitiques et schisteux sont à mon sens très favorables à la qualité du lait.

LEGUEN. — Tu conviendras, mon cher Yvon, qu'il n'est personne ici qui ne soit bien au fait de tout ce que tu viens de dire sur le lait, la crème et le beurre : ma petite Gratienne qui n'a que neuf ans est déjà là dessus aussi habile que sa mère.

LE RECTEUR. — Si on a, en général, dans ces contrées des notions analogues à celles qu'Yvon vient de développer, Leguen doit avouer qu'on ne s'y conforme pas toujours avec une grande exactitude, et, sous ce rapport, il était nécessaire de les reproduire. Mais réponds-moi, Leguen , sais-tu par quel procédé on fabrique ce fromage de Hollande croûte rouge que le bon Yvon vient de nous servir au dessert ?

LEGUEN. — Comment le saurais-je, M. le recteur, puisqu'il ne s'en fait pas dans nos contrées ? Autant vaudrait me demander de quelle façon votre grosse cloche a été fondue.

LE RECTEUR. — Du moins peux-tu m'indiquer la manière de faire un fromage quelconque, le plus simple possible ?

LEGUEN. — Non vraiment; on n'est pas dans l'usage ici d'en fabriquer. Le lait doux, le lait aigre et le beurre nous suffisent.

LE RECTEUR. — Ne produis-tu, mon enfant que ce dont tu as besoin? N'est-il pas indispensable, au contraire, que tu produises plus pour payer ton fermage et amasser quelque chose à tes enfants? Lorsque tu prends un lapin, un simple merle, ne les portes-tu pas au marché? Notre marine serait-elle dans la nécessité de tirer ces fromages de l'étranger pour ses approvisionnements, si nous les lui fournissions? N'avons nous pas pour cela du lait tout aussi bon que celui de Hollande? Apprends donc à les fabriquer, ceux-là ou d'autres espèces différentes, et, si tu ne les consommes pas, tu en trouveras un débit prompt et avantageux.

YVON. — Il est probable qu'en effet cette fabrication pourrait devenir un objet intéressant pour la Bretagne.

Les fromages sont d'espèces très variées : on les fait avec du lait, ou pur, ou à moitié écrémé, ou dépouillé de toute sa crème; on aide le caillement par certaines substances dont la principale est le lait fermenté qui se trouve dans l'estomac des veaux tués à la boucherie. Le laitage épaissi et coagulé se met ensuite dans des moules où on le presse pour en faire sortir toutes la sérosité.

M'étendre davantage sur cette fabrication, serait chose inutile, car en cela rien ne supplée à la pratique. Des essais judicieux tentés par un savant agronome de Belle-Ile en mer, ont eu, m'a-t-on assuré, des résultats satisfaisants. De notre coté, mes amis, si vous le voulez, nous tenterons ensemble de faire quelques fromages façon croûte rouge. J'ai suivi en Hollande même les procédés de cette fabrication, et je crois m'en souvenir assez pour espérer de réussir après quelques tâtonnements.

LEBRAS. — Très volontiers, Yvon, et nous offrirons à M. le recteur le premier fromage bien fabriqué.

LE RECTEUR. — Je l'accepterai avec une vive joie, comme monument d'une industrie naissante.

YVON. — Les vaches donnent, comme vous savez, à nourriture égale des quantités bien différentes de lait ; c'est donc pour elles une qualité très précieuse que d'être bonnes laitières. On ne saurait trop chercher à la propager, en conservant pour la reproduction les enfants mâles et femelles des sujets distingués sous ce rapport. Un point fort important aussi pour soutenir cette qualité, c'est de traire toujours à fond les quatre mamelles du pis, et de ne cesser de traire la vache qu'environ un mois avant la mise bas, quand même elle ne donnerait que peu de chose, afin qu'elle ne s'habitue pas à rester sèche trop long-temps. Il convient toutefois de ménager les génisses en cessant promptement de les traire pour ne pas nuire à leur croissance.

Les veaux destinés à devenir bœufs de travail doivent être castrés le plus tôt possible. On peut les atteler dès leur quatrième année ; mais comme ils n'ont leur taille entière qu'à l'âge de huit ans, on doit jusque là les ménager, afin qu'au lieu d'être épuisés alors, ils se trouvent au contraire dans toute leur vigueur. C'est ainsi qu'on leur fait atteindre une plus grande taille, et qu'on en obtient un service bien autrement soutenu, bien autrement prolongé que lorsqu'on les fatigue prématurément.

De même que le cheval, les bœufs doivent être traités doucement et toujours corrigés à propos : si on les étourdit par des coups et des clameurs, il devient impossible d'en tirer parti.

Il existe plusieurs manières de les atteler : la seule connue en Bretagne est le joug des cornes. Ce mode est simple, peu coûteux et n'a rien qu'on doive blâmer.

15

Toutefois, attelés avec de petits colliers, ils sont sans contredit moins gênés, marchent avec plus d'aisance, et par conséquent plus vîte : aussi préférerais-je ce mode dans les pays plats. Mais dans les contrées montueuses où une grande force est souvent nécessaire, peut-être est-il mieux d'employer le joug des cornes, qui semble donner à l'animal une plus grande énergie.

LE RECTEUR. — En effet, j'ai quelquefois été surpris de voir deux bœufs ainsi attelés traîner d'énormes charges en montant des pentes rapides. Mais avec le joug des cornes on n'a pas la facilité d'atteler un seul bœuf comme avec le collier.

YVON. — Si fait, M. le recteur : j'ai vu dans le Languedoc des bœufs tirant isolément au moyen d'un petit joug attaché aux cornes, et muni d'un trait à chaque extrémité.

De quelque manière qu'on attèle les bœufs, il importe de ne pas leur laisser prendre d'allures trop lentes, attendu que l'habitude de paresse une fois contractée, on ne la leur fait quitter que très-difficilement. Lorsqu'on a des vaches de forte taille, il est avantageux, dans les moments de travaux pressés, d'en tirer un service modéré, qui n'exige pas d'elles de violents efforts ; avec cette condition on diminue à peine la sécrétion du lait, et on leur donne un exercice salutaire. Si elles sont nourries à l'étable, ce sont elles qui doivent toujours aller chercher le fourrage vert.

Lorsque les bœufs cessent d'être aptes au travail, le moment est venu de les engraisser, ce qu'on fait en leur donnant une nourriture plus abondante et plus succulente. Les résidus de sucrerie, de brasserie, de distillerie, et les pains d'huile sont particulièrement propres à cet emploi ; les soupes faites avec des grains moulus, des racines cuites, pommes de terre, carottes, etc, conviennent aussi beaucoup étant d'une facile digestion.

Quels que soient les aliments dont on dispose pour l'engraissement, il faut toujours aller par degrés, en réservant pour la fin ce qu'on peut avoir de meilleur et de plus succulent, comme les grains, les pains d'huile, etc. Il convient aussi de tenir les bêtes à l'engrais dans une grande propreté, et dans la plus parfaite tranquillité possible. Le pansement avec l'étrille leur fait un si grand bien qu'on peut le regarder comme nécessaire. Les heures des repas doivent être scrupuleusement réglées, et hors de ces moments il ne faut sous aucun prétexte entrer dans leur étable.

On reconnaît l'âge des bêtes à cornes par leurs dents incisives qui n'existent qu'à la mâchoire inférieure, au nombre de huit. Elles poussent peu après la naissance, et sont remplacées par les grosses dents, dans l'ordre suivant : d'un an et demie à deux ans, les deux du milieu ; de deux ans et demie à trois ans, les deux voisines ; de trois ans et demie à quatre ans, les deux qui suivent ; de quatre ans et demie à cinq ans, les deux dernières. Par fois cependant les quatre dernières tombent ensemble à l'âge de quatre ans. On peut aussi, mais d'une manière plus incertaine, juger de l'âge par l'examen des cornes, en comptant pour un an chaque bourrelet de leur base, à l'exception du dernier qui compte pour trois.

Par suite de l'étude que nous venons de faire, vous avez pu remarquer que, le fumier à part, les produits principaux du bétail à corne sont le lait, le travail, la chair. La race qui posséderait au plus haut point la faculté de donner ces trois produits, serait sans contredit la meilleure ; mais je n'en connais point de telle. Ainsi la race normande est très-distinguée pour le lait et la viande ; mais elle est délicate hors de chez elle, et molle au travail. La race du Morvan est très dure au travail, mais difficile à engraisser. Les races du Poitou qui fournissent des sujets de distinction pour l'engraissement et le travail, sont moins recommandables quant à la production du lait.

Les qualités d'une race se reconnaissent à ses formes et à son aspect. Celle propre au travail se distingue par la force de ses membres; les races laitières par un air doux et féminin, des formes un peu anguleuses et des membres fins : les races propres à la graisse, par un cuir peu épais, et par un appétit qui leur fait manger avec avidité même de grossiers aliments. Sous ce dernier rapport, la race la plus renommée est la race anglaise de Durham dont je crois vous avoir dit quelques mots.

LE RECTEUR. — Ton instruction sur les bêtes à cornes ne nous a pas offert moins d'intérêt que celle concernant les chevaux. Pour la terminer mène-nous, mon cher Yvon, dans tes étables, qui, je le sais, sont de vrais modèles en leur genre. Nous nous séparerons ensuite; car j'entends le tintement de la cloche qui me rappelle au bourg pour l'office du soir.

YVON. — Volontiers, M. le recteur; et si vous le voulez, nous terminerons dimanche prochain nos études agronomiques, en nous occupant des moutons et des porcs : J'en attends de Saint-Mâlo, qui seront peut-être arrivés pour ce moment.

LE RECTEUR. — Eh bien, soit, à dimanche.

CHAPITRE ONZIÈME

De la race Ovine et des Porcs. Conclusion.

LE RECTEUR. — Il n'est bruit , dans la commune mon cher Yvon, que des brebis et des porcs de race étrangère que tu as reçus cette semaine et dont tu nous avais déjà dit un mot à la dernière conférence; nous sommes, je t'assure, fort curieux de les voir.

YVON. — Cela cadre le mieux du monde avec nos projets d'étude , puisque nous devons nous occuper de ces deux classes d'animaux pour la clôture de notre revue agronomique. Ceux que vous désirez voir viennent, comme je vous l'ai dit, d'Angleterre. C'est un cadeau d'un négociant de Saint-Malô , ancien garde d'honneur, auquel j'ai rendu service à l'époque des désastres de Leipsick; car l'ayant rencontré sur les derrières du champ de bataille, démonté et sur le point d'être fait prisonnier, je lui ai donné un cheval de cosaque qui venait de tomber entre mes mains, et de la sorte il a pu échapper ou à la mort, ou à une dure captivité.

Ayant appris que je cultivais ici mon modique patrimoine, il est venu me voir l'an dernier, et, comme j'ai échappé dans la conversation, au sujet des brebis et des porcs, que, si j'étais riche, j'en ferais revenir des excellentes races anglaises, quelle n'a pas été ma surprise, il y a quelques semaines, de recevoir de lui l'annonce d'un bélier et de six brebis de la race de Newkent, ainsi que de deux truies avec un mâle du Hampshire, qu'il m'envoyait avec prière de les accepter en témoignage de sa reconnaissance pour le service dont je viens de vous parler. Ces animaux qu'il a eu occasion d'acheter lui-même en Angleterre sont du choix le plus beau : ils pâturent là-bas dans deux de mes clos.

LE RECTEUR. — Allons-y, chemin faisant, tu nous entretiendras des soins à donner à ces deux espèces si précieuses.

YVON. — Les bêtes à laine ne sont pas très nombreuses dans notre province. C'est dans la partie nord du département de la Loire-Inférieure et dans les contrées limitrophes d'Ile-et-Vilaine et du Morbihan qu'on en élève le plus. Partout elles sont de très faible taille, à laine grossière le plus souvent noire, avec de petites cornes recourbées en arrière pour le plus grand nombre, sans excepter les brebis ; leur poids n'excède jamais vingt livres.

On les envoie toute l'année dans la lande chercher une maigre subsistance, et, comme on ne leur consacre aucun soin, le produit de ces animaux est des plus faibles, tandis que les bêtes à laine de bonne race, bien nourries, bien soignées, donnent au cultivateur de notables bénéfices. Aussi ne peut-on trop condamner la négligence de nos compatriotes à l'égard de la race ovine.

LE RECTEUR. — D'autant plus qu'ils ont sous les yeux l'Angleterre où les races de moutons sont très améliorées; et qu'il serait facile de s'en procurer.

LEGUEN. — Oui, quand on a comme Yvon des négociants qui les vont chercher, et qui les donnent pour rien.

YVON. — Je connais mille bretons qui ont cent fois le moyen de faire non seulement cette avance, mais bien d'autres encore, dans leur propre intérêt comme dans celui de notre agriculture : mais ils aiment mieux laisser moisir leur argent qu'ils ressèrent avec une incroyable ténacité.

LE RECTEUR. — Rien de plus vrai. Souvent tel campagnard à la mise plus que négligée, qui se refuse tout, excepté la pipe de tabac et le verre d'eau-de-vie, ne donnerait pas ses oreilles pour quinze ou vingt mille francs.... Ah! voilà les brebis de Newkent.

LEBRAS. — Quelle taille! quelle épaisseur! quelle laine longue et fine ! Ce sont des bêtes admirables de formes et de construction !

YVON. — Leur qualité la plus précieuse est un tempérament vigoureux qui leur fait braver la pluie, le froid, le vent, la chaleur, dont l'effet est pourtant si pernicieux à la race ovine en général; mais autant celle-ci résiste bien aux inclémences de l'atmosphère, autant elle redoute d'être claquemurée dans des bâtiments; ainsi, c'est à l'air libre ou sous des hangars que ces animaux doivent être tenus constamment la nuit comme le jour, en hiver comme en été.

Ils atteignent jeunes un poids considérable. Leur laine, quoique déjà fine et fort belle, est cependant inférieure à celle d'autres races anglaises moins rustiques, celle de Disley, par exemple. Mais un avantage commun à toutes celles d'Angleterre, c'est d'avoir la laine longue en même temps que fine, tandis que les races espagnoles qui se distinguent beaucoup par leurs toisons et qu'on connaît sous le nom de mérinos, ont généralement la laine trop courte pour suffire à tous les besoins de la fabrication. Toutefois il paraît que les races anglaises tirent leur ori-

15*

gine de celles d'Espagne, que des soins sou-
tenus ont appropriées au sol et au climat de la
Grande-Bretagne.

Dans les précédents entretiens, j'ai mani-
festé l'opinion qu'on devait s'attacher à perfectionner par elles-mêmes les races de chevaux
et de bêtes à cornes, dont nous possédons
les types. Mais relativement à notre chétive
race de brebis, je n'hésite pas à former le
vœu qu'elle soit abandonnée et remplacée
par les races anglaises, dont il serait aisé de
se procurer des sujets, ainsi que l'a observé
M. le recteur. Dès lors, je vais vous parler de
l'élevage des moutons d'une manière plus générale que si j'avais à m'arrêter spécialement sur
nos troupeaux.

Lorsqu'on se livre à cet élevage, on ne
peut chercher avec trop de soin ce sang de
races perfectionnées dont les produits sont si
fort au-dessus de ceux des races communes,
lesquelles sont pour la plupart autant et même
plus délicates que les premières. Si l'on ne peut
avoir des brebis de ces races, il faut se procurer du moins des béliers ou des saillies de
béliers. Il va sans dire que, comme à tout
autre bétail, on doit aux bêtes à laine une
bonne nourriture et des soins bien entendus,
si on veut en tirer du bénéfice. Elles redoutent
beaucoup, à l'exception de celles de New-

kent, les excès de chaleur, les grands vents et les pluies ; une exquise propreté, des bergeries spacieuses, bien aérées, avec courant d'air au-dessus des animaux, sont absolument nécessaires.

On ne doit donner aux bêtes à laine que des fourrages d'excellente qualité avec des grains et des racines, et ne les mener que dans des pâturages naturellement secs qui ne sont mouillés ni de pluie, ni de rosée. Sans ces attentions, elles gagnent bientôt le germe de la cachexie aqueuse, appelée vulgairement pourriture, et succombent à cette maladie toujours plus ou moins promptement, mais le plus souvent dans le cours du premier hiver.

Quand on a un troupeau d'engrais, il n'est pas nécessaire de l'écarter des pâturages humides, comme si c'était un troupeau d'élevage, car les animaux dont il se compose seront gras et tués avant que la cachexie se soit développée d'une manière sérieuse; il semble même que les germes de cette maladie favorisent la production de la graisse. C'est ainsi que dans des contrées basses on peut souvent avec avantage avoir des moutons d'engrais, tandis qu'un élevage y serait tout au moins difficile, et exigerait les plus grandes précautions. Lorsqu'on n'a que la production de la graisse en vue, il va sans dire que la beauté de la laine importe peu. On a même cru remarquer qu'en général les bêtes à toison grossière engraissent plus aisément et donnent une chair plus savoureuse que les autres.

LE RECTEUR. — Le pâturage influe, je crois, aussi sur le goût de la chair ; ainsi on estime particulièrement les moutons engraissés sur certains prés accessibles à l'eau de mer dans quelques hautes marées, et que, pour cette raison, on appelle prés salés.

YVON. — Votre observation, M. le recteur, est de toute justesse. Dans l'est de la France, j'ai souvent entendu faire l'éloge de la chair des moutons d'Ardennes, lesquels, sans doute, ne doivent cette réputation qu'aux pâturages de la contrée qui les produit. Je reprends mon sujet.

On peut distinguer dans l'économie des bêtes à laine la nourriture d'été et celle d'hiver. Comme l'exercice et le grand air sont indispensables à leur santé la stabulation complète ne pourrait avoir de bons résultats qu'autant qu'on les tiendrait dans des enclos spacieux contenant des hangars où se retireraient les brebis quand elles en éprouveraient le besoin, et sous lesquels on leur distribuerait le fourrage. Dans tous les autres cas, les bêtes à laine doivent aller au pâturage.

On sème pour elles des prairies artificielles, seigle, vesces, trèfles, lupulines, spergules, qu'elles consomment sur pied, sans compter qu'on leur fait pâturer aussi le chaume de toutes les récoltes fauchées. Dans les exploitations un peu fortes où le bétail à cornes est nourri à l'étable, et où, par conséquent, on coupe chaque jour sa nourriture, le pâturage qui succède au fourrage fauché, suffit souvent pour nourrir bon nombre de bêtes à laine. Elles doivent être surveillées avec grand soin lorsqu'on les met dans un trèfle ou dans une luzerne, car elles s'y gonflent plus aisément encore que les bêtes à cornes.

Quant à la nourriture d'hiver, elle doit se composer des fourrages secs de première qualité, en paille et en foin, et d'une certaine quantité de racines, betteraves, carottes, navets, pommes de terre, panais. On compte que dix bêtes à laine consomment autant qu'une vache abondamment nourrie. Quand le temps est beau, on ne doit pas manquer de leur faire prendre l'air une heure ou deux par jour. S'il est impossible de les lâcher, il faut du moins ne pas omettre de les faire boire dans la bergerie même.

On peut laisser le fumier s'accumuler sous

les moutons avec moins d'inconvénient que sous aucun autre bétail, pourvu qu'ils soient chaque jour abondamment relités. Du reste, il convient d'enlever le fumier dès que la fermentation répand dans la bergerie des gaz chauds et malsains.

Je crois, mes amis, vous avoir déjà parlé du parcage qui consiste à enfermer pendant la nuit et les heures de repos du jour, les bêtes à laine dans une enceinte qu'on change de place, méthode très commode pour fumer des terres éloignées et d'un abord difficile. Mais, pour toute autre race que celle de Newkent, elle a l'inconvénient d'exposer les moutons au grand vent et aux pluies toujours nuisibles. Il convient dès lors de ne faire parquer les bêtes à laine que dans les beaux temps, et de les rentrer chaque fois qu'on est menacé d'un orage.

Les brebis portent environ cinq mois : comme il est essentiel que les agneaux viennent à peu près tous ensemble, il faut calculer le moment où l'on désire les avoir et donner le bélier aux femelles, soit à leur première chaleur qui a lieu à la sixième lune après la mise bas, soit à leur seconde chaleur qui se manifeste quinze jours ou trois semaines plus tard. Je préfère la première époque, parce que les agneaux sont plus avancés et plus forts : mais, comme ils viennent au cœur de l'hiver, il faut alors avoir assez de fourrages pour nourrir largement les brebis, afin qu'elles aient abondance de lait jusqu'à l'époque du pâturage, et qu'elles nourrissent parfaitement leurs agneaux.

La crainte de manquer de vivres est la seule considération qui puisse engager les cultivateurs à retarder l'agnelage jusqu'en mars. Les agneaux doivent téter de quatre à cinq mois, et être sevrés peu à peu, ce qu'on fait en les séparant plus souvent de leur mère, et en leur administrant d'ailleurs une nourriture fort abondante.

Les agneaux mâles sont castrés d'ordinaire à quatre semaines. Les béliers et les brebis sont quelquefois nubiles dès l'âge d'un an, mais si on veut se procurer une race grande et vigoureuse, il importe de ne laisser couvrir les béliers qu'à leur troisième année, et d'en écarter aussi les jeunes brébis avant l'âge de dix-huit mois. Trente brebis seront assez pour un bélier. Si on dépassait de beaucoup ce nombre, on l'épuiserait promptement, en même temps que les produits seraient beaucoup moins beaux.

LE RECTEUR. — Un moment qui doit être critique pour les moutons, c'est celui où nous les dépouillons subitement de leur toison si bien faite pour garantir ces animaux délicats de l'intempérie des saisons.

YVON. — Sans nul doute, M. le recteur, afin de rendre cette opération aussi peu fâcheuse que possible, le cultivateur doit y procéder en temps chaud, et, dans les premiers jours qui suivent, veiller plus attentivement que jamais à ce que son troupeau soit garanti de tout excès de chaleur, de froid et d'humidité.

Elle est encore bien plus fâcheuse aux bêtes à laine, si on les a lavées avant de les tondre, comme on est obligé de le faire dans les pays où l'on n'aurait pas un écoulement facile des laines si elles étaient en suint. La tonte a lieu d'ordinaire dans la dernière quinzaine de mai. L'usage le plus commun est de confier cette opération à des femmes qui l'exécutent souvent mal, avec lenteur, et qui tourmentent les moutons. Il vaut donc mieux en charger des tondeurs de profession si on en trouve, et en tout cas la surveiller attentivement.

Les dents chez les bêtes à laine sont disposées comme chez les bêtes à cornes, et leur âge se reconnaît absolument de la même manière.

LE RECTEUR. — Tu as, je le vois, épuisé tes observations sur la race ovine, et tu vas nous parler des porcs.

YVON. — La transition ne nous coûtera qu'un saut, car pour vous trouver près de ceux que vous désirez voir, il suffit de franchir cette clôture au moyen des pierres saillantes qui forment un espèce d'escalier.

LEBRAS. — Effectivement, les voilà tous trois.

LEGUEN. — Ce terrible Yvon semble avoir pris à tâche de faire le contrepied de tout ce qui existe : on ne voit dans le pays que des brebis noires, il s'en procure de toutes blanches. Nos cochons au contraire sont blancs, tandis que ceux-ci sont à peu près noirs. Bientôt sans doute il exigera que le merle blanchisse son plumage, et que les poules pondent des œufs bariolés de couleurs, comme ceux qu'on fait à Pâques.

LEBRAS. — En dépit de ta mauvaise humeur, Leguen, voilà de beaux animaux ; vois-donc quelle épaisseur, quelle taille, sans manquer de longueur : ils semblent avoir tout pour eux.

LEGUEN. — Je ne nie pas qu'ils n'aient de l'apparence ; mais les nôtres n'ont-ils pas leur mérite ? que leur manque-t-il pour en faire fi, et vouloir les remplacer ?

YVON. — Jamais ton courroux, mon cher

Leguen, n'a éclaté plus à faux. Bien loin de faire fi de nos porcs ordinaires, je suis le premier à leur reconnaître les qualités qu'ils possèdent, ainsi que tu vas le voir.

Nous n'avons pas de races de porcs véritablement pure et franche. La plus répandue dans nos contrées semble descendre de la race normande, laquelle est fortement charpentée avec le train de derrière sensiblement plus élevé que celui de devant, et les oreilles pendantes sur les yeux. Elle a pris chez nous quelque chose de la rusticité du pays, c'est-à-dire, qu'elle est moins délicate que la première, et qu'en revanche, elle ne parvient pas à un poids aussi considérable. J'ai vu des cochons du même genre à peu près dans tout le nord et l'est de la France. C'est une bonne variété qui en quinze ou dix-huit mois, arrive à un poids raisonnable, sans être trop difficile sur le choix des aliments.

Dans d'autres parties de la France, au midi de la Loire et du Rhin, il existe des variétés noires, blanches, ou mélangées, que je ne crois pas supérieures à la nôtre. Je signalerai cependant en revenant au nord, une race dite des Ardennes, que produisent les landes de la Belgique. Cette espèce a une sorte d'analogie avec celle du Hamsphire, dont nous avons trois individus sous les yeux, en ce qu'elle est plus basse, plus ramassée, qu'elle a les oreilles plus droites, et qu'elle prend la graisse avec plus de facilité que la nôtre.

En dépit de la qualification d'immonde donnée au cochon, il est parmi les hôtes de nos étables un de ceux qui souffrent le plus de la malpropreté. Bien que, pour se vautrer, il préfère toujours une mare bourbeuse à une eau courante, cependant il choisira pour se reposer d'habitude un endroit sec et sans ordure, et, s'il en a la possibilité, il ira déposer ses excréments loin de cet endroit. On doit supposer dès-lors que la fange dans laquelle il se roule procure à sa peau quelque chose de salutaire pour sa santé, qui souffre souvent d'affections lymphatiques. On ne peut donc trop s'attacher à lui procurer ces sortes de bains, surtout quand il vit dans une captivité constante. Il convient également de le préserver des poux qui lui nuisent d'une manière sensible.

L'état de réclusion ne l'empêche pas de grandir pourvu qu'il reçoive une nourriture et des soins convenables : mais cet état le rend impropre à la reproduction. Il est donc indispensable que le sujet qu'on y destine, jouisse d'une assez grande liberté, soit qu'on l'enferme dans des enclos, soit qu'on l'envoie sur les chaumes, dans les bois ou les landes, sous la garde d'un porcher qui en conduit un troupeau plus ou moins considérable. Notre usage de clore toutes les pièces de terre procure à cet égard une grande facilité dont nous savons tirer parti. On ne peut qu'approuver, en effet, l'usage où nous sommes d'envoyer les porcs sous la garde de quelqu'enfant le long des chemins, sur les landes, enfin partout où ils peuvent trouver quelque chose à manger sans causer de dégât. De la sorte, ils ramassent les fruits tombés, les glands, les faînes, les petites châtaignes, qui les nourrissent très-bien à l'arrière saison. Dans les autres temps ils trouvent des végétaux, des vers et d'autres insectes : car le cochon est omnivore, tout lui convient, depuis la chair cuite ou crue jusqu'au trèfle et à la luzerne ; seulement les végétaux ne font que le soutenir sans l'engraisser. Pour ce dernier objet, on doit lui donner en abondance des farines grossières, du laitage avec des pommes de terre cuites, enfin des aliments animalisés, si je puis ainsi m'exprimer. Lorsque dans les temps ordinaires la pâture n'a pas été suffisante, il faut compléter la ration journalière par un supplément quelconque suivant l'époque de l'année.

LE RECTEUR. — Les ressources, que, sous ce rapport, la mer pourrait offrir au riverains sont dédaignés sur beaucoup de points par suite de la persuasion où l'on est que les productions marines, insectes, coquillages et varecs, donnent à la chair des cochons qui les mangent un goût nauséabond. Cependant l'île de Baz, près de l'embouchure de la rivière de Morlaix, fait un notable commerce de porcs qui vivent presqu'exclusivement de coquillages pêchés exprès pour eux.

YVON. — Je l'avais déjà ouï dire, M. le recteur; aussi je regarde comme préjugé la croyance dont vous venez de parler. En tous cas, serait-il possible de tirer parti d'une telle masse alimentaire en la faisant consommer par des truies ou par de jeunes porcs, auxquels on aurait le temps de faire perdre ensuite, au moyen d'une autre nourriture, le goût répugnant que pourraient donner les matières dont il s'agit.

C'est d'ordinaire depuis l'âge d'un an jusqu'à celui de dix-huit à vingt mois qu'on tue les cochons. Leur produit en chair et en lard varie dans les mêmes espèces, en raison des aliments plus ou moins abondants qui leur ont été administrés. Ainsi tel cochon qui n'a pesé que deux cents livres chez un homme qui lui a épargné les soins et la nourriture, aurait pesé le double chez le voisin. Vous savez au surplus de quelle utilité prodigieuse est cet animal, à raison de la graisse, du lard et de la chair qu'il produit et qui sont d'excellente qualité : en un mot, il est la ressource du pauvre, et fournit des mets très recherchés du riche. Excepté dans les grandes villes où l'on en mange à peu près toute l'année, on ne le tue qu'en hiver, parce que dans les chaleurs, sa viande est molle, et que, d'ailleurs, les salaisons ne se font pas aisément à cette époque.

LE RECTEUR. — C'est à cause de ce principe malsain qu'à la viande de porc dans les contrées chaudes, que la loi de Moïse en interdisait l'usage au peuple de Dieu. En général les viandes ont bien moins de qualité dans le midi que dans le nord, tandis que les fruits y sont beaucoup plus substantiels et plus savoureux.

YVON. — L'élevage des porcs ne présente aucune difficulté. Comme les truies ne peuvent nourrir un nombre de petits supérieur à celui de leurs mamelles, il convient de choisir pour la reproduction celles qui en ont le plus, en rejetant absolument celles qui en ont moins de huit. D'un autre côté on doit tenir à ce qu'elles aient de la taille, de l'agilité et en même temps une charpente osseuse aussi peu forte que possible. Ces dernières conditions sont également nécessaires pour le mâle.

Il importe de ne jamais accoupler ensemble de proches parents ; car plus que tout autre animal celui-ci dégénère rapidement par l'effet de la consanguinité. Bien qu'il soit en état de s'accoupler dès l'âge de six mois, il est convenable de ne faire couvrir les femelles et saillir les mâles que quánd ils ont de dix mois à un an, afin de ne pas nuire à leur croissance.

Les mâles et femelles conservent sans doute plusieurs années les facultés génératrices, mais comme leur chair serait trop dure dans un âge avancé, on s'en défait d'ordinaire assez promptement, et avec raison, ce me semble, attendu la facilité avec laquelle on peut toujours les remplacer. Je conseillerais de garder les mâles deux ou trois ans, et de renoncer à une truie dès que ses portées deviennent tardives, ou lorsqu'elles ne présentent plus le même nombre de petits.

Elles se composent quelquefois de quinze à dix-huit individus, mais il est rare qu'une truie en amène à bien plus de dix. La mère les porte 114 jours, et ils sont bons à sevrer à six semaines : on doit même retirer au bout d'un mois les plus forts de la portée. On leur donne pendant quelques temps du laitage ou toute autre nourriture de choix, ils ne souffrent nullement de la séparation. J'ai vu une portée de dix cochons, qui, ayant perdu leur mère huit jours après leur naissance, ont été fort bien élevés tous avec du lait de vache.

Les truies rentrent en chaleur quelque-temps après le sevrage. Elles font donc au moins deux portées par an. Il faut s'arranger de façon à ce qu'elles arrivent l'une au prin-temps, l'autre en automne. Quand les jeunes cochons viennent en hiver, ils périssent sou-vent malgré les précautions, par suite du froid qui leur est mortel au moment de la naissance.

Il convient de bien nourrir les truies prêtes à mettre bas et de les placer dans des loges spacieuses. De plus, il importe que quelqu'un soit présent au part, pour retirer, à mesure qu'ils naissent, les jeunes cochons qui sans cette précaution, courent risque d'être écrasés par leur mère dans les efforts de la mise bas, et en outre pour empêcher celle-ci de manger son arrière faix, ce qui pourrait lui donner envie de dévorer quelques-uns de ses petits.

LE RECTEUR. — En effet, je savais que les truies ont quelquefois la férocité de dé-vorer leur portée.

YVON. — J'ai lieu de croire, M. le recteur, que, plus le naturel a été dégradé par l'esclavage, plus les accidents de tous genres sont à craindre au moment du part. J'ai vu des truies dont sans doute l'instinct n'était pas altéré, qui, pour mettre bas, s'enfonçaient comme la laie du sanglier, sous un tas d'herbes et de petites branches qu'elles venaient d'amasser. Couchées là-dessous elles donnaient le jour à leurs petits sans faire de mouvements. Ceux-ci tournaient autour de leurs mères en se serrant contre elles, et savaient fort bien trouver les mamelles près desquelles ils se réunissaient tous. Quand on apportait à manger aux truies elles sortaient de leurs forts où les petits restaient groupés les uns sur les autres. Elles allaient ensuite les retrouver en se glissant de manière à éviter tout accident. Au bout de quelques jours, chacune d'elles ramenait sa famille à la porcherie. Je suis enclin à supposer que les truies qui ont conservé ces mœurs primitives ne mangent pas leurs enfants. Quoiqu'il en soit, il convient de ne jamais laisser les mères souffrir de besoin dans toute la durée de l'allaitement. Il faut aussi ne leur donner qu'une litière courte, pas trop abondante, de peur que les petits s'introduisant dessous ne soient ensuite écrasés par la truie.

LEBRAS. — Tu ne nous as encore rien appris sur les beaux cochons que voilà, et que je ne me lasse pas d'admirer.

YVON. — J'avoue que ce que j'en sais n'est que par ouï dire, puisqu'à l'époque de mon séjour sur nos frontières de l'est, ils y étaient inconnus. Aujourd'hui même ils y sont encore très-rares. Les qualités de cette race m'ont été signalées par un lieutenant-colonel que j'ai eu long-temps pour chef, et auquel je dois le germe de toutes mes notions agronomiques. Comme il veut bien entretenir correspondance avec moi, c'est sur le bien qu'il m'a écrit des porcs de la race Hampshire que j'ai souhaité d'en avoir. Sur l'avis que m'a donné le négociant de Saint-Malô de la prochaine arrivée de ceux-ci, j'ai prié mon officier supérieur d'entrer avec moi dans quelques détails touchant cette espèce. Voici sa réponse ; la lecture que je vais vous en donner satisfera la curiosité de Lebras.

« Je vous félicite, mon cher Yvon, de la
» prochaine arrivée chez vous de quelques co-
» chons de la race Hampshire ; car l'élevage
» que vous en comptez faire, augmentera votre
» prospérité. A peine en avais-je introduit ici
» quelques uns, qu'ils étaient déjà appréciés
» de toute la contrée : vos bretons ne seront
» pas, j'en suis sûr, moins clairvoyants que mes
» compatriotes.

» Cette race semble, en effet, préférable
» à toutes les nôtres, comme plus rustique
» et dès-lors moins sujette aux maladies ;
» comme plus facile à nourrir et à engraisser,
» article très important, surtout pour le pau-

» vre; comme ayant moins en os à poids égal;
» comme fournissant un lard et une chair
» plus délicats, étant d'ailleurs susceptibles d'at-
» teindre et même de surpasser le poids des
» plus beaux cochons de race ordinaire.

» Ce n'est pas qu'à cet égard, on ne doive se
» prémunir contre les exagérations qu'il est
» pénible de remarquer par fois dans les an-
» nales des établissements modèles. Moi qui
» ne fais de l'agriculture que pour ma satisfac-
» tion, je me garderais bien de vous signaler
» comme ordinaires des chiffres de poids qui
» sont au moins exceptionnels.

» Dernièrement un cochon venant de ma
» porcherie de race Hampshire, logé et nourri
» avec deux autres de race commune de même
» âge que lui, a pesé, quand on les a tués
» tous trois, cent livres de plus que le poids
» moyen de ses deux compagnons, sans comp-
» ter l'avantage qu'il avait encore sur eux par
» sa charpente osseuse moins forte. Il me
» serait facile de multiplier les exemples de ce
» genre. Une telle supériorité est assurément
» très satisfaisante.

» Le mode d'élevage de ces porcs est le
» même que pour les autres. Comme eux,
» ils dégénèrent par la consanguinité et de-
» viennent inféconds dans l'esclavage. Pour
» éviter ce dernier mal, j'ai abandonné aux

» miens un parc de quatre arpens appuyé sur
» un ruisseau assez large pour leur faire obs-
» tacle. L'extrémité de ce terrain est ombragé
» par des chênes sous lesquels les femelles
» vont quelquefois mettre bas en été.

» Le nombre de mes truies est actuellement
» de vingt. Pour nourrir tout cela, on fait
» cuire à la vapeur quatre hectolitres de
» pommes de terre à la fois, au moyen d'un
» appareil disposé pour cuire également la
» chair des bêtes mortes qu'on m'apporte de
» temps à autre, et qui est une excellente nour-
» riture pour mes pourceaux.

» Il est inutile, ce me semble, d'ajouter
» qu'on ne doit pas confondre la race du
» Hampshire avec cette autre race dite du
» Tonkin, qui n'a de commun avec elle que la
» couleur, étant petite, d'une chair fade et
» d'une croissance lente ; ce n'est autre chose
» que le cochon ordinaire des climats chauds ;
» tandis que la race du Hampshire est an-
» glaise et améliorée de longue date par nos
» voisins d'outre-mer si habiles en tout ce qui
» concerne l'élevage des animaux utiles à
» l'agriculture. »

LE RECTEUR. — Voilà une lettre pleine
d'intérêt qui termine très-bien notre chapitre
des porcs. J'y remarque entr'autres choses
que l'habile correspondant d'Yvon ne fait nulle

difficulté d'utiliser les bêtes mortes en les donnant cuites à ses cochons.

YVON. — Je sais, M. le recteur, qu'à l'école vétérinaire d'Alfort on les leur administre même crues; mais le soin de les faire cuire ne me paraît nullement déplacé.

LEGUEN. — Cuite ou crue, si tu en donnes une seule fois à tes porcs, je puis te prédire que personne dans le pays ne te les achètera.

LE RECTEUR. — Voilà bien l'entêtement de nos malheureux campagnards ! le temps et les bons exemples peuvent seuls déraciner d'aussi déplorables préventions.

Ainsi, mon cher Yvon, grâce à toi, nous avons conduit à bien notre petit cours d'agriculture en plein vent ; car je suppose que tu n'as rien à nous dire de quelques animaux, tels que la chèvre, l'âne et le mulet, qui, précieux pour d'autres contrées, sont ici sans intérêt.

Quant aux oiseaux de basse-cour dont tu n'as rien dit non plus, nous savons qu'en général ils prospèrent bien dans nos contrées. Ce qui leur manque, comme à tout le reste, c'est un logement convenable. Lorsque sous ce rapport les chevaux et le bétail auront obtenu gain de cause, le tour des poules ne se fera pas attendre.

YVON. — Sans doute, M. le recteur ; d'ailleurs les oiseaux de basse-cour, les abeilles, les jardins, les vergers et la vigne qui doivent avoir une place distinguée dans ce qu'on appelle une *maison rustique*, sont étrangers à un cours dont l'unique but est de ramener l'art agronomique à ses vrais principes plus ou moins obscurcis.

LE RECTEUR. — Tu as parfaitement raison.

Voici le moment de la retraite ; venez, mes enfants, partager mon souper dont la principale pièce est un jambon qui le met assez bien en harmonie avec l'entretien que nous venons de terminer. Tout en faisant honneur à ce morceau de résistance, nous résumerons succinctement les sages conseils qu'a suggérés à Yvon son désir de voir l'agriculture bretonne prendre enfin le rang qui lui convient.

YVON, LEBRAS, LEGUEN. — Très-volontiers, M. le Recteur.

(*On se rend au presbytère, et l'on se met à table.*)

YVON. — Quand il se fût agi, M. le Recteur, de traiter un prélat, vous ne lui auriez pas offert un souper plus splendide.

LE RECTEUR. — J'avais à cœur, mon enfant, de célébrer comme il le mérite le cours d'agriculture dont tu as été le professeur, et dont je crois convenable, avant dé nous séparer, de dire encore deux mots à Leguen et à Lebras.

Vous avez dû remarquer, mes amis, que déjà la plupart des bons procédés agronomiques indiqués par Yvon sont en honneur dans quelques coins de notre chère patrie, il ne s'agit donc que de les étendre partout, suivant la nature de chaque localité.

Sur divers points du littoral, on tire grand parti des engrais marins, tandis que sur d'autres on néglige une telle ressource : cette incurie n'est-elle pas aussi étonnante que condamnable?

La même négligence s'étend au fumier d'étable qu'on laisse trop long-temps sous les bêtes, contre toute bonne régle d'hygiène, et dont les écoulements à l'extérieur sont généralement perdus au lieu d'être recueillis : d'aussi vicieuses pratiques ne doivent-elles pas cesser ?

Yvon nous a prouvé de la manière la plus décisive l'insuffisance de nos instruments : serait-il sensé de ne pas adopter ceux qui épargnent le travail des bras de l'homme, pour appliquer ces mêmes bras aux défrichements de terrains qui n'attendent qu'une bonne culture pour donner des produits de toute espèce ?

Quelques uns de nos assolements sont bons, d'autres sont vicieux, en ce qu'ils font succéder sans interruption l'une à l'autre plusieurs céréales. Notre habile instituteur nous conseille d'abord de réduire petit à petit le nombre d'années de simple pâturage qui terminent nos rotations, comme aussi de *desserrer*, si je puis m'exprimer ainsi, les cultures épuisantes pour faire une large place aux prairies artificielles et aux racines qui, d'une part, feraient cesser le mal que je viens de rappeler, et de l'autre donneraient moyen d'augmenter les masses d'engrais, en développant la nourriture du bétail à l'étable. Resterons-nous indifférents à de si sages observations ?

Yvon nous fait remarquer en outre que les étables, et en général toutes nos constructions rurales, sont mal disposées et insuffisantes, surtout dans un pays où les pluies mettent souvent les récoltes en péril. Tiendrons-nous assez aveuglément à de vieilles habitudes pour ne pas faire compte d'un tel avertissement ?

Nos chevaux, notre bétail à cornes sont de bonne nature : des soins bien entendus suffiraient pour perfectionner leurs formes et grandir leur taille. Aurons nous l'insouciance de ne pas tenter même cette amélioration ?

Les bêtes à laine que nous possédons en

petit nombre sont arrivées, faute de soins, à la moindre taille possible : serons-nous assez peu clairvoyants pour ne pas rejeter tout-à-fait cette race dégradée, et pour ne pas la remplacer par des races anglaises qui se trouveraient ici dans un climat analogue à celui de leur sol natal.

Notre race de porcs n'est pas dépourvue de qualités ; mais si celle dont Yvon vient de nous montrer des sujets est préférable encore , pourquoi ne pas l'adopter concurremment avec l'autre ?

Nous avons pour les Anglais une antipathie naturelle ; mais la haine aveugle n'est bonne à rien. Il eût fallu que cette antipathie fît naître une émulation éclairée et féconde. Alors nos rivaux ne nous auraient pas dévancés en agriculture comme ils l'ont fait ; car leur sol ne vaut pas mieux que le nôtre, et leur climat est moins favorable. Soyons-donc leurs imitateurs ; allons choisir chez eux ce qui peut servir à nos progrès, tout cela sera de bonne prise.

Notre industrie manufacturière, notre commerce n'ont-ils pas emprunté à la Grande Bretagne une foule de procédés soit pour faire mieux, soit pour faire à meilleur compte ?

Qu'il en soit de même pour l'agriculture, puisque les Anglais qui devraient n'être que nos émules, sont, il faut bien le dire, nos maîtres. Hâtons-nous d'effacer une différence dont notre orgueil national doit souffrir. Et pour cela, sortons d'un engourdissement, d'une insouciance que nous devrions sévèrement nous reprocher.

La moindre chose, comme je crois déjà l'avoir dit, suffit pour interrompre nos travaux journaliers, à tel point qu'il n'est pas de domestique qui, au bout de l'an ne redoive des journées à son maître. Mais le maître lui-même à qui doit-il compte de ce temps si précieux qu'il a perdu ou mal employé ? à ses concitoyens et à Dieu. Dieu, je le répète, nous a mis sur la terre pour le servir et pour travailler : servons-le donc en chrétiens fervents, et travaillons, non comme des êtres dépourvus de raison, mais comme des êtres intelligents formés à l'image du créateur !

Un peuple très-faible dans son principe a dit dès son origine, je veux conquérir le monde, et il l'a conquis. Les Anglais ont dit il y a trois cents ans, nous voulons obtenir le sceptre du commerce, de l'industrie, de l'agriculture, et aujourd'hui, quoiqu'on puisse objecter, ce sceptre est entre leurs mains. C'est ce qui a fait remarquer à un grand écrivain du siècle dernier que *le génie n'est autre chose que de la patience* [1].

(1) Buffon.

J'oublie, mes enfants, que je suis à table et non pas en chaire ; excusez ma chaleur : mais c'est qu'en vérité je désire avec passion de voir notre chère Bretagne acquérir en agriculture cette supériorité dont elle possède les éléments, c'est-à-dire un bon sol et des bras non moins robustes que nombreux, en sorte qu'il ne lui manque qu'un vouloir persévérant avec ses conséquences.

Voyons si mon auditoire partage ma conviction, et s'il est animé de ce vouloir qui fait tant de prodiges.

Réponds-moi, Lebras, quel effet ont produit sur toi les instructions de notre bon Yvon ?

LEBRAS. — M. le Recteur, elles ne laissent aucun doute dans mon esprit sur cette vérité, que notre mode de culture est arriéré ; qu'avec quelques modifications, et en même temps quelques avances en achats d'instruments et en constructions rurales, on pourrait obtenir par degrés des résultats tels que le prédit notre habile instituteur.

Mes trois fils auxquels, en rentrant chaque dimanche, je me suis efforcé de rapporter nos entretiens, partagent ma conviction, et nous sommes résolus d'agir de concert pour réaliser sur notre exploitation les améliorations progressives que conseille Yvon, si toutefois

M. de Kérien ne refuse pas son consentement.

LE RECTEUR. — Voilà qui est à merveille... j'étais presque sûr de ton adhésion. Mais je ne compte pas autant sur celle de Leguen.

Voyons, que pense-t-il ?

LEGUEN. — Vous avez raison, M. le recteur, de ne pas trop compter sur moi. Je suis sans instruction. Jamais je n'ai perdu de vue le clocher de notre église, si ce n'est pour aller quelquefois à Saint-Malô et au pélerinage de Sainte-Anne : il m'est donc impossible de discuter contre vous et contre Yvon. Quand je cherche à m'appuyer de nos anciens, vous me démontrez que ces anciens ont été autrefois des nouveaux qui faisaient autrement que les anciens d'alors. Si j'objecte les difficultés d'un changement, Yvon me parle d'arracher les crins de la queue d'un cheval. Si je me retranche dans la faiblesse de mes ressources, vous m'opposez les paroles de l'évangile. Si je me plains de la pluie et du vent, vous trouvez cela parfait, bien que cependant il ne se passe guère de semaine que je ne vous voie à la main un parapluie que les raffales rendent presqu'inutile. Enfin si je dis blanc, vous dites noir. Il n'y a pas jusqu'à mes enfants qui, en sorcelés par ceux de Lebras, ne me tiraillent à me faire perdre la tête. Dans ce brouhaha je n'ai qu'une seule chose à dire ; c'est que j'ai mes habitudes et qu'il m'est impossible à cinquante-cinq ans d'y rien ôter, d'y rien ajouter. Le renard change de poil non de mœurs.

LE RECTEUR. — A Dieu ne plaise, mon enfant, qu'on veuille te faire un purgatoire de ce qui a été le sujet de nos entretiens. Notre intention, au contraire, et tu le sais à merveille, a été de t'éclairer sur tes véritables intérêts, qui sont en même temps ceux du pays.

Tu annonces que tes enfants électrisés par ceux de Lebras te tourmentent pour faire ce qu'Yvon conseille. Eh bien, mon ami, si tes enfants qui sont grands et sages, ont saisi toute l'utilité des choses dont le développement ne leur est parvenu que par ricochet, juge de ce qu'ils auraient pensé, s'ils eussent entendu Yvon lui-même ! Il faut bien que ces enseignements soient d'une vérité frappante pour avoir produit sur eux l'effet que tu dis, bien qu'affaiblis dans la transmission.

Si tu voulais me croire, toi que je me souviens d'avoir entendu se plaindre, dès nos premiers entretiens, des peines que te donne ta charrue, tu te bornerais au soin de l'intérieur de ta maison, laissant ainsi tes deux fils Jean et Philippe, avec leur sœur Périne, diriger au-dehors ton exploitation. Ainsi, tu aurais la satisfaction de rester fidèle à tes habitudes, et ta famille ferait profit de l'instruction nouvelle dont elle apprécie la portée.

LEGUEN. — Mais M. de Kérien approuverait-il cet arrangement?

LE RECTEUR. — Je n'en fais nul doute. Il y a plus, mes amis, vous saurez que M. de Kérien, informé par moi de l'objet de nos promenades, y a pris un grand intérêt, tellement qu'il serait venu se joindre à nous, s'il n'avait craint de gêner la liberté de discussion par sa présence. Mais il m'a prié d'écrire l'analyse de nos entretiens pour les lui communiquer, c'est ce que j'ai fait : il ne me reste à rédiger que notre conversation de ce soir.

Ainsi que moi, M. de Kerien adopte en tous points les doctrines agronomiques développées par Yvon. De plus, comme nous jugeons qu'il serait utile de les répandre, nous sommes convenus que, quand mon petit livre aura l'approbation de son véritable auteur qui est Yvon, il sera porté à l'école pour être lu, copié, étudié par nos enfants les plus instruits.

D'un autre côté, M. de Kérien se charge de pourvoir Lebras d'un araire et d'une herse en losange, s'il consent à modifier petit à petit sa culture d'après les conseils d'Yvon.

Il se prêtera également à la construction d'un hangar, et à des améliorations provisoires dans les écuries.

LEBRAS. — Oh! combien j'ai lieu d'être reconnaissant! demain, de grand matin, j'irai remercier M. de Kérien.

LE RECTEUR. — Il aurait fait les mêmes dépenses pour Leguen, mais l'obstination de celui-ci les rend inutiles.

LEGUEN. — Cependant, M. le Recteur, vous me disiez à l'instant que si je laissais faire mes enfants, M. de Kérien le trouverait bon.

LE RECTEUR. — Eh bien ! t'engages-tu à les laisser agir dans la culture, suivant les principes que nous avons développés. ?

LEGUEN. — Oui, si vous ne vous moquez pas trop de moi dans le petit livre dont vous venez de parler, et où certainement vous me faites jouer un rôle.

LE RECTEUR. — Mon livre est le miroir fidèle de nos discussions, tu y paraîtras avec ta tête bretonne, mais aussi avec une franchise honorable, même quand il s'agit d'erreurs.

LEGUEN.—Oh ! il est très vrai qu'il m'est impossible de déguiser ma façon de penser. Du reste, est-il extraordinaire que je ne sache rien , mon père ne m'ayant rien fait apprendre? Grâce au ciel, il n'en sera pas de même de mes enfants, car il n'en est aucun dans la paroisse de plus assidu à l'école.

LE RECTEUR. — Ainsi tu agis à leur égard tout autrement que les anciens n'ont agi envers toi.

LEGUEN. — Vous m'embrouillez toujours, M. le Recteur.

LE RECTEUR. — C'est que ton prétendu respect pour les anciens, en ce qui concerne ton état, n'est autre chose, comme je l'ai dit tout d'abord, qu'une paresse mal déguisée qui te porte à rejéter tout ce qui exigerait de toi quelques efforts, quelque travail en-dehors de tes habitudes journalières.

Du reste, n'en parlons plus. Puisque tu consens à laisser faire tes enfants, je me charge de déterminer M. de Kérien à te conserver dans sa ferme, et à t'accorder les mêmes choses qu'à Lebras.

Ce n'est pas tout, mes amis, ce digne propriétaire fera son possible pour propager dans nos contrées les brebis de Newkent, ainsi que d'autres bonnes races anglaises. De plus, il retient tous les cochons Hampshire qu'Yvon sera dans le cas de vendre sur ses six premières portées, il en veut faire cadeau aux

divers cultivateurs de la commune qui cher-
cheront à mettre à profit les excellents principes d'agriculture que contient notre petit
livre.

YVON. — On ne peut employer sa fortune
à un plus noble usage!

LE RECTEUR. — Combien il serait à
désirer que tous nos riches propriétaires,
aussi éclairés que M. de Kérien, fissent comme
lui des avances et même de judicieux sacri-
fices pour la régénération de notre agriculture!
bientôt nous n'aurions plus rien à envier à nos
voisins d'outre-mer.

FIN.

TABLE DES MATIÈRES.

FIN DE LA TABLE.